如何成为一个情商高的人

读懂人性，掌握人际关系的主动权

文 捷 ◎ 编著

中国华侨出版社
·北京·

图书在版编目（CIP）数据

如何成为一个情商高的人 / 文捷编著. —北京：中国华侨出版社，2024.1

ISBN 978-7-5113-9066-0

Ⅰ.①如… Ⅱ.①文… Ⅲ.①情商—通俗读物 Ⅳ.① B842.6-49

中国国家版本馆 CIP 数据核字 (2023) 第 182195 号

如何成为一个情商高的人

编　　著：文　捷
责任编辑：刘晓静
封面设计：天下书装
经　　销：新华书店
开　　本：670 毫米 ×960 毫米　1/16 开　印张：15　字数：161 千字
印　　刷：涿州市京南印刷厂
版　　次：2024 年 1 月第 1 版
印　　次：2024 年 1 月第 1 次印刷
书　　号：ISBN 978-7-5113-9066-0
定　　价：49.80 元

中国华侨出版社　北京市朝阳区西坝河东里 77 号楼底商 5 号　邮编：100028
发行部：（010）64443051　　　　　　　编辑部：（010）64443056
网　　址：www.oveaschin.com　　　　　E-mail：oveaschin@sina.com

如发现印装质量问题，影响阅读，请与印刷厂联系调换。

前言
PREFACE

一个人成就的大小，与其能力、运气等多方面因素有关，但大家公认的一点就是，要想有成就，一定要有高情商。高情商往往意味着强大的心理素质和人际交往能力。用通俗的话来说，情商的本质，是我们对自己及他人情绪的认知与把控，与自己能和谐相处，能找到内心的宁静和喜悦，然后因为自己散发出喜悦的情愫，也顺带给周围的人带来开心舒服的感觉。

实际上，近几十年来，没有哪一种理论能像情商理论一样一问世就能尽人皆知，受到世人的热烈追捧。人们仿佛在一夜之间如梦初醒，一下子找到了诸如"学习成绩很好却考不上哈佛""职场上付出了很大努力却不能升职""曾经恩爱的夫妻却半途分手"之类的困扰人生问题的答案。

人格健全、理智达观、情绪稳定、内在平和、身心和谐，能时刻用全局性、多维度、系统性的眼光去看问题，这不仅是一个人内在修炼圆满的一个标志，更是未来成长的新坐标，同时也是企业领导和团队需要长期坚持修炼的一种方法和技能。

除非一个人懂得怎样控制自己，否则让其更和谐、健康地融入群体，赢得他人尊敬将是一种奢望。情商的提升，已经是当今职场人与领导以及团队管理者们最关注的焦点之一。对此，汉诺瓦保险公司前总裁奥布莱恩说："不管出于什么原因，我们没有像追求体能、智能开发那样，努力追求情感开发，这是非常不幸的事，因为完整的情感开发，对于挖掘我们的全部潜力来说是最有效的杠杆。"可见，提升情商已经成为每个社会人发挥自我才智、挖掘自我潜能、更好融入社会的必修课。

同时，提升自我情商也是对快乐人生的一种倡导。所谓快乐人生，就是要我们回归到生命的本体，就是要融入精神的河川，就是要与人和谐地相处，愉快地与自我相处。真正的快乐人生，不仅能在生存中体现价值，也能在发展中把握方向；不仅能在物质上游刃有余，也能在精神上怡然自得；不仅能在生活中得心应手，也能在工作中收放自如；不仅能在事业上大展宏图，也能在爱情上如鱼得水……这也是我们积极努力提升自我情商的根本意义所在。

本书从心理学的角度出发，全面地诠释了影响或制约个人情商的心理因素，挖掘了情商提升的深刻内涵和内容，同时也着重介绍了一个人逐步提升自我情商的有效方法，使你在轻松的阅读中掌握系统的情商知识，全面地提升自己的情商，进而全面提升自己的生命质量，更和谐地融入社会，获得他人的认可。

01 体察和把控自我情绪,是高情商的前提
——只有安置好内心,才能安抚好世界

002 安抚好内心,才能安抚好自己的事业

005 及时去体察和观照自己的情绪

009 面对负面情绪:与其"堵",不如"疏"

012 你所忍下的负面情绪,终会向内"攻击"自己

015 悄悄毁掉你的不是负面情绪,而是压制情绪

019 要想变强大,先停止与自己对抗

023 高情商者都懂得与负面情绪和谐相处

027 找回"本我",让情绪自由流淌

031 但凡被你接纳的，都会变得柔软

036 别用脸上的"假装"，掩饰内心的不快

040 真正地做到接纳自己：积极地悦纳自己不好的一面

02 找出负面情绪产生的心理根源
——找对"症结"，再开"药方"

046 你的自恋性暴怒源于不够成熟的心智

050 玻璃心式的脆弱：用愤怒来攻击自己

056 强势的人，内心大都住着一个"胆怯的小孩"

060 总是看对方不顺眼：可能是对方触碰了你的"伤疤"

064 内在的"敌意"，极容易招来敌意

069 低情商者，总是太过执着于"我的"

073 内心的疲累，多源于内在的"交战"

076 内在的矛盾和冲突，最消耗心理能量

080 忠实于自己的人，活得不会太累

083 敢于拒绝，学会勇敢地说"不"

03 高情商者,懂得与自己和谐相处
——专注自我,任何事情都难以掌控你

088　高情商者留心别人,更关注自己

091　专注自我,别让你的能量被外界分散掉

094　精力达人,都会主动避免坏情绪的干扰

097　别因为他人的看法,而捆绑了自己的手脚

101　高情商者,都尽力避免在小事上耗费精力

104　高情商者必有一个强大的"核心自我"

107　听从自己内心的声音,别让他人左右你的选择

111　摆脱"假自我",活出"真自我"

114　扔掉沉重的"面具",不和别人争面子

118　纠结源于"两难选择":化繁为简,停止内耗

04 高情商的本质,就是懂得延迟满足感
——以"延迟满足"方式提升情商

122　坏情绪产生的根源:逃避"难题"带来的痛苦

126 颓废的根源：对即时的舒适感太过迷恋

130 焦虑产生的根源：期待问题立即得到解决

133 嫉妒的本源：通过打压别人来获得暂时的心理安慰

137 别让急功近利毁掉你优良的人际资产

141 失意时不抱怨，得意时不炫耀

144 再好的友谊，也经不起"直言"的摧残

05 提升共情力：顺意的人生从读懂他人开始
——让自己拥有体察他人情绪的能力

150 幸运者，大都是拥有高共情力的人

153 高共情力的表现：对他人的反应给予精准的回应

156 每个人都渴望"被看到"

159 察人要诀：聆听是一门技术活儿

163 顶级的高情商，学会建设你的"真诚"

166 勇敢地敞开自己、坦露自己

170 从交谈中，"透视"别人的真实意图

173 不在失意者面前大谈你的"得意"

176 面对他人的诉苦，"开口献策"是大忌

179 提升共情力，需要练就三种技能

06 高情商思维：拥有吸纳资源的能力
——遵循交际原则，是赢得好人缘的基础

182 高情商者，拥有的是吸纳资源的能力

185 将意愿强加于人：不是别人心眼小，而是你情商低

189 与人交往，要把握好"界限感"

192 不占人便宜，是深到骨子里的教养

195 先考虑他人的感受，再决定要不要开口

199 万分情商，不如一分宽容

07 所谓高情商，就是说话让人舒服
——赢得信任的心理沟通策略

204 把积极的"心理暗示语"挂在嘴边

207 先知道对方的"心理特点"，再运用语言艺术

210 与冷漠的人交流：拿出足够的真诚

213 与固执的人谈合作：懂得"以退为进"

215 甘做学生，满足对方的"为师欲"

218 高情商者始终会将微笑挂在脸上

221 遇到"棘手问题"，巧妙运用幽默去化解

225 关心他所关心的人，间接方法更奏效

227 高情商说话策略：找准时机巧开口

01 体察和把控自我情绪，是高情商的前提
——只有安置好内心，才能安抚好世界

提升情商的第一步，就是要从"自我体察"开始。正如"情商之父"、哈佛大学心理学博士丹尼尔·戈尔曼所提出的，认识自我是人拥有高情商的前提，一个人只有能够正确且完善地认识和体察到自我情绪的动态变化，才能准确地掌控自我。高情商者都善于体察自我情绪，并能准确地把握和认识自己的情绪和动机，以及准确地把握和认识情绪会对别人产生什么样的影响，进而从根本上去控制自我，这也是安置好自己内心世界的前提。

安抚好内心,才能安抚好自己的事业

周一一大早,库尔德便骑着单车去上班,他之所以选择骑单车去上班,一方面是因为自己居住的地方距离公司很近,另一方面也是为了锻炼身体。在库尔德看来,一副健康的体魄是人生一切的基础,所以,他极为注重饮食和锻炼,就算是在工作极为繁忙的日子,他也是挤出一切可能的时间来锻炼身体。

可糟糕的是,他骑车没走多远,便发现车子的轮胎没气了。仔细检查后发现轮胎坏了,必须换一只新的才能上路。但因为时间太早,附近修车的车棚都还没开。于是,他又打电话给这家单车的品牌维修店,但人家还未开门……库尔德的情绪越来越糟糕。他内在压抑着愤怒,又无奈地推着单车返回家中,将它放在原地。因为怕时间来不及,他只好打车,结果好久都没有叫到车。这让他内在又多了一分愤怒,于是,他便选择了跑步到办公室。结果,还是迟到了。他刚进办公室,发现同事们正在会议室开会。为了不让他突如其来的到来打扰到其他同事,领导示意让他先别进会议室,这让库尔德感到极为尴尬,他内心的愤怒又多了一分,觉得今天真是倒霉的一天……事后，他的同事鲍布向他传达会议内容，因为愤怒在内心翻江倒海地"作乱"，他根本没能将同事的话听进去。这也让他接下来的工作陷入了混乱中……到下午的时候，他被领导叫到办公室，询问他为什么不按早上的指示去执行工作，库尔德委屈地说，是自己的同事鲍布没能精准地向他传达会议的内容，随后，领导又将鲍布叫到办公室与库尔德对峙，鲍布则义正词严地说自己完全按照要求将会议内容传达给了库尔德，是因为他心不在焉而未将自己的话听进去……这便激怒了库尔德。他再也压制不住自己内在的愤怒情绪了，便与鲍布进行了激烈的争吵……最终的结果是，库尔德被领导批评和处罚，这也意味着接下来半年时间内他的升职无望……一天中，这些接二连三的不顺发生后，他突然间有了被迫害的感觉，觉得这一切不顺的背后，都有一个巨大的神秘的力量在操纵着……

生活中，我们可能都有过库尔德的经历，因为突如其来的一件遭心的事，让他产生了愤怒情绪。接下来又因为内在不断积压的愤怒接二连三地发生更为糟糕的事情，让我们觉得这一切不顺的背后似乎有巨大的神秘的力量在操纵着这一切。实际上，推着自己不断地走向不顺的，不是什么神秘的力量，而是自己内心不断积压的愤怒情绪。正如库尔德一样，如果他在上班前，就将内心因为单车损坏而产生的所有的愤怒，都轻松化解掉，以轻松、明朗的心情面对工作与同事，那么，接下来的一系列糟糕的事情就不会发生。这正如我们的人生一样，某一个阶段，当我们觉得自己被厄运缠身，接

二连三地发生不幸,很多时候是因为陷入了负面情绪的旋涡中。而生活中的高情商者,则具有极强的觉知能力,能够及时地体察到负面情绪的产生,并通过有效的方法调整自己,进而阻止人生悲剧的进一步发生。可见,人生很多时候拼的不是机遇、不是努力,而是持续的良好的情绪管理能力。

著名心理学家吉姆·洛尔博士在其著作《精力管理》中指出,能轻松调动人的精力的来源有四种,按金字塔式的结构从上到下分别为意志、思维、情绪、体能。这告诉我们,一个人能调动自我精力,成就事业的基础是体能和情绪,换言之,如果一个人缺乏必要的健康与情绪管理能力,那么你再有智慧,再有伟大的梦想,都难以实现。这里的健康管理不在我们的讨论范围之内,而极强的情绪管理能力则是我们必须重视的。是否具有极强的情绪管理能力,关系着你是否能安抚好自己的内心,能否在极为关键的时候呈现出自己最美好的一面,是否能平静地对待自己且温和地对待别人……日本作家司马辽太郎在其小说《德川家康:霸王之家》中,说德川家有一个军师南光坊天海,他年轻时的法号叫随风,立志于化解诸侯间的战争,但他所到之处,反而让纷争变得更为厉害。后来随着修行的精进,他逐渐认识到,因为内心充满强烈的敌意,所以无论到了哪儿,虽然意识上想做和平的事,但内心的敌意却激发出周围环境更大的敌意。所以,他必须先安抚好自己的内心,才能去安抚他人,进而安抚天下。这对于我们普通人来说也一样,只有好好地提升情商,提升自我情绪掌控能力,安置好自己的内在,才能有效地发挥自己的聪明与智慧,才能征服自己的梦想。

及时去体察和观照自己的情绪

想要提升情商，具备更好地掌控自我情绪的能力，首要的就是提升自我情绪体察能力。具体来说，自我情绪体察能力是指能准确地觉知自我内在情绪的产生、变化，这有利于我们及时阻止自己进一步陷入负面情绪的泥潭中。

晚上下班到家，看到调皮的儿子将家里搞得乱七八糟，玩具被扔得四处都是，书房里的书也被翻得凌乱不堪……看到这些，本来就心情不佳的爱丽丝立即火冒三丈，她严厉地向孩子怒吼，并做出要打人的架势来。天真的孩子被吓得不敢动弹，他的小脸憋得通红，想哭但又怕妈妈动手打他……看着孩子可怜的样子，爱丽丝立即察觉到自己的做法有些过激了。她意识到，孩子不听话，她完全可以耐心地教育他，而不是用这种方法来恐吓他……等她冷静下来，意识到自己的确是陷入了负面情绪的泥潭中，于是，她开始反思自己的行为。

爱丽丝意识到，自己的愤怒源于单位，确切地说源于她的上司。

因为白天的一次工作失误，爱丽丝受到了部门领导的批评，这让她内心产生了愤怒，并且为了静下心来弥补工作失误，她一直压抑着这种愤怒，直到晚上回到家，儿子的行为一下子触动了她内在紧绷着的那根弦，愤怒便被宣泄了出来。同时，爱丽丝也深知，她之所以在单位对自己内在的愤怒隐忍不发，主要是上司相对于自己是强势的，而回到家能对着自己的儿子发泄，是因为儿子对于她而言是弱势的。体察到自己的情绪后，爱丽丝内心很快便平静了下来，她向儿子道歉并去拥抱他，以安抚他的情绪，儿子终于哭出了声。爱丽丝意识到儿子这是在发泄自己内心的委屈，爱丽丝便抱着儿子让其情绪自由地流淌……从此之后，爱丽丝便不会随意对着自己的儿子乱发脾气了。每次负面情绪袭来时，她都会静下心来仔细地体察这些负面情绪产生的根源，它是如何左右自己的行为的，并会采取有效的方法及时将它们疏泄出去。慢慢地，爱丽丝开始变得心平气和了，她的事业也取得了不错的进步！

懂得及时体察自我情绪，是有效地疏导负面情绪的前提，也是提升自我情商最为关键的一步。在生活中，及时体察自我情绪具体是指，时时询问自己：我当下的情绪是什么？尤其是当负面情绪袭来的时候，你要能及时意识到自己正处于负面情绪中，同时要去思索：这些情绪是如何产生的？我该采用怎样的方法将它有效地疏导出去，让自己获得平静？如此这样，你便能时时保持一个平和、安静的心境了。比如，当你因为朋友约会迟到而对他冷言冷语，那就不妨问问自己：我为什么会这么做？我该如何安置这些负面情绪？如果你察觉到你已经对朋友三番两次的迟到而感到生气，你就可以对自己的生气做更好的处理。

在生活中，我们可能也听到过别人这么说自己："真是莫名其妙！究竟是谁惹你了？"或者"今天这是怎么了，好像全世界都跟你有仇似的！"而你却觉得："我没有怎么样啊，我特别正常。"那也意味着，你还没能意识到，这就是不懂得体察自己的情绪。

当然了，情绪作为一种意识，有时候极为微妙，极不易被察觉。这就要求我们要时时地关注自己的心情，在心里感到"不舒服"的初期，就要去想办法排解或者舒缓，将不良情绪扼杀在萌芽状态。如果你刚开始还未意识到自己的情绪不好，但是在经别人提醒之后："你这几天是怎么了？一丁点儿的小事就发火。"这个时候你就要静下心来体察自己的情绪，问问自己："我这是怎么了？""究竟是什么事情或何物让我感到不舒服了？""我该如何排解这些负面情绪呢？"坚持这样去做，你就能随时将负面情绪扼杀在萌芽状态。

总之，懂得及时体察自我情绪是转换负面情绪的第一步，连自己处于负面情绪中都不自知的人，是难以安抚好自己的内心的，更无法赢得他人的信赖。可以说，体察自我情绪，是爱自己的重要表现，是一个高情商者应具备的必要的能力，它也是掌控自我情绪的前提。当然，在现实生活中，你不妨这样去做。

其一，敏感地感受自己，细心地观察他人。要体察自我情绪，就要时时保持一颗敏锐的心，即当自己的心情有变化时，自己能够感知。比如，在自己的心情不佳时，及时提醒自己："今天情

绪处于低潮，要想办法去排解一下，找点其他事情去转移一下注意力！"或者"这几天做什么都觉得没意思，我究竟是怎么了？必须找出原因然后再改变这种状态！"

同时，也要学着与自身的情绪进行"对话"。在现实中，有些人对自我情绪观察体察能力不强，那就要通过观察他人的反应来体察自己的情绪，比如当你看到周围的人貌似对你没以前热情了，你就要反观自己："这几天是怎么了？连孩子也说我这几天说话语气不好，我还不自知，难道真的是这样？"通过感觉自己与观察他人来体察自己的情绪，也是一种较好地感知自我情绪的方法。

其二，找出情绪产生的根源。我们不仅要及时体察到自己不佳的情绪，更要知道自己产生这种情绪的根源是什么。是孩子不省心，或是工作不顺心，还是没休息好？只有找到症结所在，才能对症下药，才能让自己及时从负面情绪中走出来。

自我体察力，像是一个放大镜，甚至是显微镜，可以照出我们的内心是怎么发展变化的。那些生活中，你看起来极为简单的情绪问题，背后隐藏着诸多的问题，我们需要一步步、抽丝剥茧地找出问题的根源，才能真正地找出问题的核心，进而解决问题。可以说，学会体察自己的情绪，是情绪管理的第一步。

01 体察和把控自我情绪,是高情商的前提

面对负面情绪:与其"堵",不如"疏"

生活中,当我们深陷负面情绪时,通常的做法就是奋起与消极情绪做斗争。比如工作不顺心,情绪沮丧,晚上失眠,心里总想着"让它过去,让它过去",如此下去,人变得更加焦虑,第二天心情也会变得更加沮丧。比如,当你听到自己失去了一次本该到手的晋升机会时,你的大脑神经会立刻刺激身体产生大量兴奋作用的"正肾上腺素",其结果是使你怒气冲冲,坐卧不安,随时准备找人评评理,或者"讨个说法",结果将事情越搞越糟……对此,心理学家指出,一个人若对负面情绪总是表现出抗拒、否定、压抑、排斥的态度,那么,人对这种负面情绪的感受会不断地加强。请记住:凡是你所抗拒的,都是会持续的。因为当你抗拒某一种情绪的时候,你就会聚焦在那种情绪或者是事情上面,这样就赋予了它更多的能量,它就变得更为强大了。

作家张德芬说:"情绪是一种能量,无论正面或负面。情绪的英文 emotion 来自拉丁文动词 emovere,意思是'移动'。情绪通常怎么来就会怎么走,因为它是流动的。只要你能够体察到它,

并且不执着,当下就能化解。"这告诉我们,情绪是一种流动的内在能量,当你限制它流动时,即我们平常所说的"忍"、抑制、压制、抗拒或否定,它就难以疏通。就像一条河流,当它是自由流淌时显得娴静、平和,但当你限制它的流动时,比如在河上修大坝,它便会产生更多的势能,力量便得以加强,最终就会给河面带来"不平静"。所以,我们要获得平静,对待情绪,正确的做法就是让其自由地流淌,无论这种情绪是正面的还是负面的。比如当你因焦虑而失眠时,与其心中不停地驱赶焦虑,不如平复自己的心绪,顺其自然,让焦虑自由流淌,便很容易入眠;当你忍受了不公平而愤怒难耐时,与其强忍着,不如找个有效的途径,如通过运动、大喊等方式将内在的痛苦宣泄出来……

康妮的丈夫是在一场车祸中丧生的,她与丈夫刚结婚不久,两人感情很是甜蜜。当她得知这个消息时,悲痛欲绝的她完全没办法让自己平静下来。近半年来,每当想起死去的丈夫,无论她做什么,想什么,心都是刺痛的。她知道,要让自己摆脱痛苦,唯一的办法就是让自己忙碌起来。她将所有的精力都投入工作中,但是只要她一静下来,甚至只要走路停下来一会儿,那种哀伤就会袭上心来,令她无法招架。后来,康妮不再逃避,不再没事找事地瞎忙,当丧夫之痛袭来时,她让它涌上心头,看着悲痛一点点地走近自己,然后渐渐地消退,虽然想到仍旧会难过,但却能让她慢慢地平静下来。

最后,她战胜了自己,她已经可以不必再抗拒那种情绪,她明白最痛苦的那一刻已经过去了,她得想着过属于自己的生活。

"我可以再次体会人生的快乐,那些痛苦已不是现在的事了。它只是我人生的一部分,而我人生其他的道路,还可以继续走下去。"这是走出伤痛后,她所说的第一句话,她的坚强让所有的人都肃然起敬。

面对负面情绪,越是逃避、抗拒,它对你造成的伤痛就越强,而当你勇敢地去面对时,不妨像康妮一样,让它尽情地涌上心头,看着悲伤一点点地走近自己,然后渐渐地消退,最终让它成为永久的过去,真正地与自己达成和解。

另外,学会与自己的负面情绪和谐相处,还要做到:当心情不好时,也不要试图去隐藏自己的真实情绪,用层层的盔甲将自己包裹起来。这样,只能让人不敢接近你,无法给你安慰、支持与同情,只能让你自己困在孤独、痛苦等各种负面情绪编织成的牢笼里。

试着去卸下层层保护自我的盔甲,试着展现自己的真实情绪,做一个真性情的人,试着去接受与拥抱他人的关爱,试着把负面情绪当作自己的朋友,微笑着勇敢地面对它们,生活就会少很多黑暗,多很多光亮,阳光自会暖暖地洒下来。

你所忍下的负面情绪，
终会向内"攻击"自己

在现实生活中，很多人认为所谓的高情商就是学会忍，不让自己随意乱发脾气，在任何时候都能保持平和。遇到委屈、不公、嘲讽甚至诋毁等，忍一忍就过去了。于是，你一味地克制自己，致使自己内心怒火翻腾不止，背负着巨大的精神负担，最终憋出"内伤"来。从心理学的角度来看，你所忍下的怒气，是一种负能量，会在不断地消耗你情绪的同时，转而攻击你的身体，最终损害你的身体与心理健康。

在所有人眼中，钟奕彤是个情绪稳定、脾气极好的姑娘。可是，她内心苦不堪言。她告诉我说，自己的好脾气都是"忍"出来的。

室友将她的一瓶精华液打翻了，所剩无几。她没有怪对方，反而安慰她道："东西打翻没关系，碎玻璃没割着你的手吧！"室友见她如此客气，便开始小题大做，不停地埋怨她化妆品放的位置不对。虽然钟奕彤不断地致歉，但对方还是数落了她好几天……她也只是忍而不发。

上周她花近万元报了一个会计专业的晋升班，并且到书店买了几百块钱的资料。可她还未来得及用，就被同样学会计的朋友拿走了，并且一分钱没给她，这让她很是恼火，几次催朋友归还，朋友却找各种理由推脱，终了，钟奕彤也只是默默地忍受下来。对此，她曾向我诉苦："我喜欢和别人分享交流，但我讨厌自己一味地付出，别人一味地理所当然地向自己索取，我也不知道如何是好。自小就被父母教育'人一定要懂得宽容，遇到不平事要懂得忍让'，但这种无休止的忍，已经让我憋出了内伤……尤其是最近，内心已经到了崩溃的边缘，每天都活在焦虑、不安、痛苦和纠结之中……"而且她很早就有胃部疾病，这可能也与她能忍的个性密切相关！

其实，很多人有过与钟奕彤一样的经历，为了保持平和，息事宁人，遇到不平事后一味地忍，觉得忍一忍就过去了，内心却是备受煎熬，最终使负面情绪转而向内"攻击"自己，从而遭受身体和心灵上的双重伤害。当然，在现实中，很多人都认为忍让是可贵的，但是忍让并不意味着让你丧失原则地一味退让或者懦弱可欺，并不是面对误解、委屈甚至诽谤而无动于衷，而是为了顾全大局、着眼于未来而不得不采取的一种权宜之计。比如韩信受胯下之辱、勾践卧薪尝胆等，是为了保全自己而不得不采用的一种权宜之计，这样的"忍"是一种智慧。但在现实生活中，那

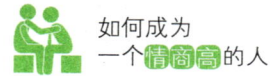

种丧失尊严的屈辱之"忍",则意味着没有人格,意味着软弱可欺。很多时候,内心不快又无力排解心中的郁闷情绪时,你总会告诫自己"忍一忍就过去了",殊不知,你的这种"忍",是任由怒、怨、嗔等不良因素在内心翻腾,最终不仅伤心,而且还伤身。

　　遇到不平事或委屈,内心明明是满满的负能量,而内心的潜台词却是生气对事情没有帮助,唯一损害的是我们的福祉和与他人的和气。于是,便开始强忍着。正如作家张德芬所说,我们身上所积压的负面情绪就是一种堵塞的能量,这种能量会使你迷失心智,失去理智,充满抱怨,看不到生活的阳光,甚至最终影响你的身体健康。为此,从现在开始,你要牢记掌控情绪重要的是学会疏通,将不良情绪通过合理的方式疏通出去,一味地隐忍、压抑和排斥,最终会使你身心俱伤。

悄悄毁掉你的不是负面情绪，
而是压制情绪

提升情商，把控自我的前提是对情绪有正确的认识。首先要明白一点，情绪是个体的一种正常反应。从心理学定义上讲，情绪是指伴随着认知和意识过程产生的对外界事物的态度，是对客观事物和主体需求之间关系的反应。是以个体的愿望和需要为中介的一种心理活动。一个正常的人，必然是有情绪的，因为这是人的生理现象。没有情绪的人，可以说如同行尸走肉，没有了灵魂。一个人若无喜怒哀乐的情绪，其就是不完整的人，这也是人生的极致痛苦。当然，人的情绪是有积极与消极之分的。积极情绪主要包括喜爱、开心、幸福、愉快、崇拜、希望、宁静等，这类情绪会产生正面的影响，可给人"增力"，可以提高、增强人的活动能力，可促使人积极地行动。比如，积极情绪可以提高人的思维能力和奋发向上的精神，产生向上的力量，使人生机勃勃、人际关系和谐，对身体健康有莫大的帮助；消极情绪则包括沮丧、妒忌、紧张、怨恨、烦恼、愁闷、抑郁等，这类情绪会产生负面的影响，会"减力"，会降低人的活动能

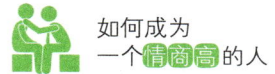

力。如由痛苦引起的悲哀会使人心不在焉，削弱人的活动能力，甚至产生悲观厌世的念头和慵懒、萎靡不振、颓废的心态，久而久之对人的身心产生极大的危害。在现实中，很多人为了防止为负面情绪所"伤"，会拼命地压制它们：在难过的时候假装很高兴的样子，在感到委屈时将负面情绪强压下去，在焦虑时故作"镇定"，等等，负面情绪因找不到一个合理的出口，使其不断地消耗自己内在的正能量，毁掉自己有限的幸福感，日积月累成为收不回来的"坏账"，最终压垮了人生。

晓微是公司一个刚入职不久的小姑娘，最近失恋了。白天在办公室，她像个没事人一样，该安静时安静，该放松时就和其他同事嘻嘻哈哈。但是，据一位同事说，在下班后，她一走上大街就开始哭，一路哭到家，看到同屋的室友后，她又继续装没事儿人一般。

好一个有礼有节的失恋态度，整整装了一个月，她的精神彻底垮掉了，只好放大假回家调养身体。

社会学家将情绪分解成两个维度：你的真实心情如何，这叫情绪感受；你所表现出来的情绪是怎样的，这叫情绪表达。他们认为，"情绪表达"和"情绪感受"的差别越大，你内在的消耗也就越大，就像晓微一样，明明是刻骨铭心的失恋，却硬是装作没心没肺，如此积累一个月，负面情绪让她彻底透支了。

现实中为何有些人一开始热情高涨，后来却慢慢地变冷淡了？

也许不是他们的热情被消磨殆尽了，而是刚开始假装喜欢，后来觉得自己的内在被消耗得太多，致使他们"实在装不下去了"；为何有些人在一味地克制、压抑自己的情绪，致使自己的心灵蒙上了一层厚厚的"污垢"，或者是某一天像火山爆发一般，发出强大的威力，让人在瞬间"灰飞烟灭"。

晓薇最近看起来异常疲惫，因为她的婚姻和生活都出现了许多问题。在同事眼中，她本来就是个开朗、热情与和蔼的人，每当有人向她请教工作上的问题，她总是极有耐心地给予帮助。尤其是最近，尽管她内心压抑了太多不开心的事，面对同事向她"抛"来的问题，心里纵使十分不情愿，但也会答应下来。

在这样的情况下，晓薇发现自己越来越不快乐，总是委屈和压抑自己的情绪去讨好别人，而且她觉得自己越来越不喜欢自己。当我们最不喜欢自己的时候，也是最没有力量的时候。

她缺乏拒绝别人的力量和勇气，内心深处总在想如果拒绝别人，别人会怎么看自己。虽然她是朋友和同事眼中公认的"老好人"，但在家中，尤其在孩子和老公面前，她却是个十分情绪化的人。对老公和孩子总是缺乏耐心，而且常常是前半段压制着怒火，好声好气地说，突然就没有预兆地爆发，即使她知道这样不好，但根本就停不下来。

直到有一天孩子突然冲她大吼："你就知道对我凶，你对所有人都比对我好，你到底对他们是'假好'还是真心地讨厌我？"

在那一刻，晓薇突然怔住了，这时她才发现自己将内心压制

的不良情绪都对准了她的家人。

所以德国作家艾克哈特·托尔在他的《新世界：灵性的觉醒》一书中说，"地狱之路是好的意图铺就的"。在现实中，很多人有类似晓薇这样的经历：为了在周围人中扮演好"老好人"的角色，不断地压抑自己内在的负面情绪，最终在自己最亲近的人面前释放，以致伤害到他们。

每个人都会滋生负面情绪，但是它们不会因为我们的刻意压抑就自行消失，它们一直都在。时间一久，它们会被我们压抑到更深的地方，那些我们不想面对不想承认不愿接纳的部分，便构成了我们人格的"阴影"，每时每刻都在不断地消耗我们的内部正能量，使我们变得阴郁而不快乐。

心理学家指出，那些被我们压抑的情绪，要么对外，在人际关系中呈现；要么对内，在身心健康上呈现。比如很多极为严重的疾病的产生，都与压抑的情绪有着极大的关系。所以，我们要明白，情绪靠疏导，而不是靠个人的意志力去压制，因为它不会凭空消失，那些被你压制的情绪，最终会以另一种方式来伤害你，甚至毁掉你。

要想变强大，先停止与自己对抗

现实生活中，我们会被人教育要"战胜自我"，觉得战胜他人的人是有力量的，而能够战胜自我的人才是真正的强者。为此，很多人在遇到困难、痛苦或者挫折时，会通过不断地自我折磨，与内心的痛苦不断地进行"较量"和"对抗"，最终还进一步强化了痛苦的力量，从而让自己陷入其中，越来越痛苦。

"战胜自我"是莫妮卡的人生信条，无论在应对工作上的挑战还是面对生活中的困难，莫妮卡都表现得很"强势"。而她在"战胜自我"的过程中，所做出的最为典型的行为便是羞愧自责："我究竟是怎么了？""总是深陷焦虑中，根本解决不了任何问题。""为何最近总是不走运？""为这点小事去生气，那可真是弱爆了！""因为这么小的问题，便与人发生争吵，自己该有多逊？"……遇事，她总是通过"自责"来寻求解脱，这总让她一次又一次地陷入负面情绪的泥潭中无法自拔，尤其是最近，她感觉自己快要崩溃了……

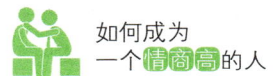

对于莫妮卡来说，与自己不断对抗的结果，就是使自己的内心越来越不堪承受生活重负，越来越弱小。当痛苦、焦虑、恐惧等负面情绪袭来，我们本能地都会打着"战胜自我"的旗号与其进行拼命对抗，最终这些负面情绪还是会如影随形地跟着我们，痛苦的感觉还是能准时找上门来。于是，"战胜自我"便成了一个谎言。

实际上，任凭你是谁，都无法去真正地"战胜自己"。与内在的自己进行对抗，注定会陷入无边的苦海中无法自拔。因此，面对负面情绪，与其对抗，不如接纳，接纳不完美的自己，以一种全新的方式去接纳负面情绪，并与它们和谐相处。

晓蕾是职场中的精英人士，她对自己有着极为严格的要求，力求让自己做到尽善尽美。无论接到什么样的工作任务，她都期望自己能做得更好、更完美。在准备一个培训或者演讲内容之前，她总会因为担心自己做得不够好而心存焦虑，等到真的完成了，又会感到如释重负。什么事情是对的，什么又是错的，对于她来说极为重要，她更期待自己或者事情可以朝着对的方向发展，往一个更好的标准前进。她极少允许自己犯错，哪怕只是迟到几分钟，如若犯了错，她便会不停地责怪自己，让自己陷入深深的焦虑和悔恨中。

她也被同事戏称为"拼命三娘"，因为她几乎没有请过病假。对于身体的管理，她也是力求完美，每周坚持进行一定强度的锻炼，比如跑步、游泳，因为这样对身体较好，但她本以为应该极为强健的身体，却在一次单位体检中被查出患了"乳腺癌"。这个消息对于她来说无疑是个晴天霹雳，好似之前自己所认为的对的事情，又被重新打上了问号。躺在术后的病床上，她第一次觉得自己太不懂得"善待自己"了。

从此之后，她开始学着改变自己：她不再强迫自己与自己较劲儿了，不再强迫自己"挑战自我"了，而是让自己的情绪自由地流淌，不去刻意地压制它们。当生活中的压力和痛苦袭来的时候，她会选择接纳它，然后去痛哭一场。在自己开心的时候，她允许自己哈哈大笑；在自己做错事的时候，她不再自责，只会淡然一笑，小声说自己"真是个小笨蛋"！……这样活着，她感到自己变得轻松多了，自己脸上紧绷的肌肉也开始慢慢舒展开来！

在现实生活中，当周围的亲人或朋友在遭受痛苦时，你尚能够给予关怀和温暖，而当我们自己身处困境时，你又有何理由不给自己同样的关怀和善待呢？要知道，当获得自我的谅解，你就会变得异常强大，因为那个时候，便没有什么负面情绪能够困扰到你了。与"自我"对抗，只会消耗与削弱我们内在的能量，而接纳和拥抱自我，则会使我们内在的力量得以增强。

与自我和解能让我们变得强大，是因为直接与情绪伤痛进行抗争，我们会深陷其中。在抗争的过程中，痛苦的情绪会变得极具破坏力，它能够击溃我们的理性思维、健康的身体。感情被困住了，冻结在时间里，而我们被困在了感情里。因此，如果我们与自己内心的痛苦进行对抗，一切都会变得更为糟糕：人际关系

中我们一直渴望的快乐便会因此而消失,工作中的成就感会跑到我们够不到的地方。我们疲惫不堪地熬过每一天,与隐藏在身体和心灵中的"负面情绪"争吵不休,那无论如何都难以尝到幸福的滋味。

01 体察和把控自我情绪,是高情商的前提

高情商者都懂得与负面情绪和谐相处

作家张德芬说过一段话,大意是"什么样的人最有魅力?我越来越觉得,内心有力量的人最有魅力!什么叫'内心有力量'?就是遇到困难,碰上痛苦时,能够坦然地与自己的负面情绪相处。困难大家都有,痛苦每个人也不缺,只要你是人,这些都是不可避免的,但内在有力量的人可以不受苦"。这话告诉我们,负面情绪是人的一种正常的情绪波动反应,它跟生病一样,很多时候是不受主体控制的。而生活中的多数人总会选择去"忍"或者说是压制它,进而致使自己越来越痛苦。强忍之所以难,在于要与自己的天性对抗。而内心有力量的高情商者,懂得去承认和接纳这些负面情绪,能认识到它与愉悦的情绪一样,都是我们正常的心理反应,因此他们不仅懂得用有效的方法予以排解,还懂得与它和谐相处。

夜已经深了,老公还未归家,安娜心里有点着急。于是打电话过去,老公还在酒桌上与人推杯换盏,听声音,老公已经

醉得不行了，想让安娜开车去接他。安娜顿时火冒三丈，因为老公的肝功能不好，医生已经反复嘱咐他要少喝酒，但老公最近为了一个项目变本加厉地陪客户喝酒。安娜想打电话过去痛斥他一番，但她立即意识到自己当下的情绪是失控的，这时再斥责老公毫无用处。同时，安娜意识到，自己当下的内心正在抗拒这种愤怒的情绪，她清楚地感到自己内心犹如一团火焰，随时都有可能失控。

她躺在床上，用手机帮老公叫了车，接下来开始安抚自己的情绪。她体察到自己这种愤怒情绪产生的根源在于恐惧，她真正的恐惧是老公的身体出现糟糕的状况，担心他会离开自己。但是她又意识到，老公已经是个成年人了，他应该为自己的行为和健康负责任，而她不应该为自己控制不了的事情担忧。想到这里，她的愤怒情绪便慢慢地没那么强烈了。接下来她告诉自己：我当下处于愤怒中，我能够平和地与这种愤怒待在一起，与其平和地相处。这样想之后，她很快便睡着了。

第二天早上醒来，昨晚所有的愤怒都消散了。这个时候，她发现老公也起床了。她意识到，她要做的就是在自己与老公的关系中找一个平衡点，于是，她平和地走到老公身边，对他说："亲爱的老公，你应该知道自己的身体状况，你每喝一次酒，你的肝就会受到极大的损害，我们以后是不是应该少喝点酒呢？"老公听了，便向她点了点头。

此时的安娜意识到，自己的劝导在老公那里起了作用，比起昨晚那个情绪失控的当口，脱口而出对他说一些难听的、怒斥的话产生的效果要好多了。

高情商的安娜的做法，是与负面情绪和谐相处的典范。即当负面情绪袭来的时候，她首先承认它的存在，然后通过自我体察意识到自我愤怒产生的根源，然后转换思维，抚平了自己的心绪。接下来，她接纳了自己内在的愤怒，然后任由它在自己心中自由地流淌，慢慢地等它消散。直到第二天，等自己心平气和之后，再找准时机，对老公进行劝说，从而达到了想要的效果。自始至终，我们发现安娜的内在力量在不断地增强，无疑是高情商的表现。

那么，在现实生活中，我们该如何与负面情绪和谐相处呢？

1. 做真实的自己，承认负面情绪的存在

与负面情绪和谐相处，就要做到：当心情不好时，不要试图去隐藏自己的真实情绪，用层层的盔甲将自己包裹起来，而是正视负面情绪对自己的影响，这样才能从根本上治愈自己。当负面情绪袭来的时候，不妨试着展现自己最真实的一面，做一个真性情的人。比如，悲伤的时候，你可以找个安静的地方让自己放肆地大哭；愤怒的时候，到空旷的地方去叫喊，将内在的负面情绪发泄出去。

2. 与负面情绪和谐相处

当负面情绪袭来的时候，不要去抗拒它。生活中，很多人在面对负面情绪时，第一反应就是去抗拒它的存在。比如，我们受到了别人的贬低或侮辱，我们的第一反应就是感到愤怒，想以牙

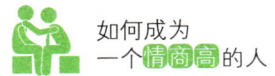

还牙地采取措施去报复对方,这就是你从内心在抗拒这种愤怒情绪的存在,你想以报复的方法将内在的愤怒发泄出去。实际上,真正的高情商者,会客观地正视这种愤怒,他会细想,我之所以会产生愤怒,是对自我的价值不够肯定。对方贬低或侮辱我,并没有从实质上动摇我的内在价值,我又没损失什么,为什么要愤怒呢?!这个时候,其内在的愤怒就会慢慢地得以平息。再如,一些人因为亲人的离去而陷入悲伤和痛苦中,几天几夜都睡不着觉,不出门,将自己关在房间里致使自己越来越痛苦。而高情商者,会先看到自己内在的悲伤情绪,然后对自己说,我愿意跟这种悲伤感待在一起,然后会通过冥想等方法,让悲伤一点点地蔓延全身,看着它自由地流淌,然后再等着它一点点地消失。这就是与负面情绪和谐相处的方法。

3. 能够及时体察和观照自己的内在情绪

所有的情绪,无论是痛苦、焦虑、愤怒或者是沮丧等,其本质都是恐惧感。高情商者,会在陷入负面情绪时,及时地体察与观照自己的内在情绪,分析它产生的本源是什么,看到自己真正恐惧的是什么,然后通过转换或调整自己的思维,慢慢地化解这种情绪。同时,在任何情况下,他们都能够真正地接纳自己,接纳自己好的一面,更能接纳自己不好的一面。比如,他们能看到自己的价值,也能客观和平静地面对自己内心对别人的嫉妒、对他人的失望感,也能平静地面对自己内在的怨恨、责怪、沮丧、缺乏安全感、自卑等负面情绪。

找回"本我",让情绪自由流淌

一天,在纽约的地铁上,一位女子突然倒地情绪崩溃地大哭。她嘴里默念着自己的工作压力是如何大,几次想辞职,但迫于生活压力不得不勉强支撑……周围人见状,纷纷向她递来纸巾,但她拒绝了,还有的人蹲下来安慰她,但路人的这点温暖根本安抚不了她已经冰冷的心!

一位外卖小哥在机动车道上因为逆行被交警拦下。刚开始小伙子还十分平静,他当时正在打电话给自己的老婆。之后不久,他便蹲在地上痛哭不已。他告诉交警,自己的生活压力实在是太大了,然后一直在道歉。此时的交警只能给他一点安慰。但小哥已经哭得不成人样了。

生活中,我们周围有许多人表面平静,内心却处在情绪崩溃的边缘。这都是平时我们将太多负面情绪压制在内心,而不让其自由流淌造成的结果。要知道,情绪是一种自由流淌的能量。当我们感到痛苦时,会哭泣;当我们感到高兴时,会欢笑。可是当我们被告知，懂得不喜形于色，学会掌控自己的情绪，才算得上是一个成熟的人时，我们开始不断地压制自己的情绪，受了委屈却强颜欢笑，感到悲伤也强忍泪水，感到痛苦时，将它藏在心底，生怕被人知晓……久而久之，这些负面情绪在心底越积越多，其能量也越来越强，直到一件细小的事让我们瞬间崩溃。而在生活中，那些看起来心态极为平和，时常能感受到幸福的高情商者，都懂得及时疏解内心的负面情绪，避免其长年累月地在内心累积。那么，在现实生活中，我们该如何去找回属于自己内心的愉悦感呢？

1. 还原最真实的自己

生活中，我们可能有这样的体验：小时候我们多数时候是快乐和幸福的，因为那时候的我们最真实。我们受伤了、感到委屈了，可以大哭一场，擦干眼泪后，心情便又畅快了起来；我们高兴了，便可以毫无顾忌地放肆大笑……那时候的我们对现实呈现出的是最真实的自己，情绪也是自由流淌的。那个时候的自己可称为"本我"。可随着年龄的增长，我们离那个"本我"越来越远。我们被人教育要学会忍受，懂得伪装自己的内心，所以，越来越多的负面情绪就长时间地在我们内心积压，我们变得越来越不快乐，越来越难以触摸到幸福。这个时候，就需要我们"去伪存真"，去找寻到曾经的"本我"状态，做最真实的自己，按照自我意愿去做选择，去勇敢地对自己不喜欢的人与事说"不"……

同时，我们还要学会卸下身份伪装，敢于撕掉贴在我们身上的各种标签。但现实中，还有许多人即便是撕掉了各种标签，也无法做真正的自己。的确，为了迎合社会需求，我们被迫贴上了各种各样的标签。比如，如果现在问你是谁，大多数人会回答，我是某某公司的项目经理、我是某某的妈妈。可实际上，这些只是你的身份，并不是真实的你。你常常会为了更像一个妈妈，而不敢轻易在别人面前表现出幼稚的一面。为了更像一个妻子，你可能会忍受着委屈在丈夫面前表现出强大的一面，包揽所有的家务；为了更有领导力，你不得不在下属面前永远板着脸，戴着面具……直到有一天，这些积压的负面情绪压得我们喘不过气来，几近崩溃，这主要是因为我们离"本我"越来越远。所以，我们要时时提醒自己卸下伪装，勇敢地撕掉标签，还原真实的自己。

2. 允许负面情绪与自己共存

生活中，当我们面对压力或挫折的时候，我们之所以会感到痛苦，是因为我们无法承受。可你越是这样，就会变得越来越软弱，负面情绪会变得越来越强。这个时候，你可以告诉自己："事实最大，我必须接受事情已发生的现实。"然后对自己说："我必须允许自己痛苦，允许自己伤心。这种情绪是我生活中的一部分，我得允许它的存在。"当你接纳这种负面情绪的时候，你会发现，负面情绪的力量变小了，被你的包容消化了。然后，再着手去用行动解决你的难题，随后，负面情绪就会变得不值一提。

3. 学着让积极的情绪占主导

当一个人面对困难和挫折的时候，多数人的第一反应就是感到痛苦、焦虑或忧愁，很容易陷入负面情绪的泥潭中无法自拔。

实际上，我们完全可以通过转变自我态度，以积极的心态去面对。比如，你因受到挫折而痛苦，本质上是因为恐惧，如果你能直面内心的恐惧，着手去解决问题，那么人就会变得更为积极。同时，你要将负面情绪及时地进行发泄和疏通，让积极的情绪占主导。按这样的思维方式去处理问题，就不会被负面情绪缠绕了。

4. 每天与内在真实的"本我"进行连接

要消除负面情绪，获得内心的平静，要时时与内在的"本我"进行连接。生活中，我们可以通过运动来完成，比如瑜伽、慢跑或者竞走等。这些运动有助于我们排遣负面情绪，让我们的身体放松，消除紧张感。

总之，人生似一场修行，而深陷痛苦中的我们只是芸芸众生中的一个"小我"，而"小我"中的烦恼更是微不足道。这样一想，我们的负面情绪是否能拨开云雾，豁然开朗呢？

人们常常到处去寻找幸福，但实际上它一直都在。当你愿意从为欲望所劳役、终日忙碌中走出来，你自然就能看到它，因为它就是我们原本的自己。

01 体察和把控自我情绪，是高情商的前提

但凡被你接纳的，都会变得柔软

作家张德芬说过，很多时候，我们感觉不好的时候，比如失恋和悲伤、低落、消沉，我们会一直想要从这个泥沼中挣扎着逃出来。所以，我们就借由很多的逃避策略不去面对它，而是去压抑它、否定它和排斥它，最终只会在负面情绪的泥潭里越陷越深。但是请记住"凡是你所抗拒的，都会持续"。因为当你抗拒某件事或者是某种情绪时，你的全部身心就会聚焦在那种情绪或事件上面，这样你就赋予了它更多的能量，反而使它变得更为强大了。这种负面情绪就像黑暗一般，要驱散它，就要引进光亮。光出现了，黑暗自然就会消融，这是不变的定律。喜悦则是消融负面情绪最好的光亮。当然，这里的喜悦并不等同于快乐，快乐是需要外在条件的，而喜悦是心灵滋生出的一种正能量。"喜悦"的初步反应就是接纳，即接受你受负面情绪困扰的事实，然后发现它们存在的"珍贵"之处，再将它们变成自己人生的一种"宝贵"体验。当你慢慢地体验到这样一个过程时，你就会发现，原本使你厌恶和抗拒的、无比坚硬的坏情绪，竟然变成了一种"温柔"的体验，

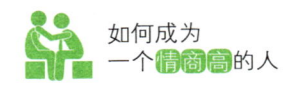

甚至可以去滋养你的生命。

晓琳是一家外企公司的总经理，虽然过着优渥的生活，却常与丈夫因为家庭琐事而争吵。丈夫每次回家都不主动换鞋，每天的臭袜子扔得到处都是，而且让她最反感的是，丈夫每天回家什么家务都不做，玩游戏到深夜。两人每每为此吵架，她丝毫感受不到家庭的温馨，她每天都苦恼极了。

有一天，她向自己的密友诉苦，密友告诉她，如果你真的想让丈夫改变，那就照着我说的话去做。每天晚上当丈夫在玩游戏的时候，你中途给他送一盘水果，他吃不吃不用管。你自己在10:30睡觉前给丈夫再送一次消夜。别的你什么都不用说，也不用做，就由着他玩到深夜好了。同时，当你看到丈夫乱扔臭袜子、不讲卫生，想发脾气的时候，你要不断地告诫自己：这件事本身没什么大不了的，你的"小题大做"式的争吵只会让双方的感情越来越糟糕，这样根本解决不了问题——你可以用清醒的安慰让自己平静下来。这样的事，你连续做一个月再说。

一个月后，晓琳再找到那位密友，眼神变得温暖了许多，不像原来那么冷冰冰的。她倾诉了这一个月她自己所经历的：刚开始的时候，她送的水果和消夜丈夫根本不吃，有时候故意气她，饿了宁可泡面吃也不吃她做的消夜。后来不记得从哪天起，晓琳竟然发现丈夫将她做的消夜都吃了，睡觉时间比以前提早了一些。

接下来的一个月，晓琳继续按照密友说的话去行事，她晚上下班回到家，告诉老公："你是我生命中最为重要的一部分，我很爱你，我愿意为你提供更为广阔的空间，让你成为你最想成为的自己。你喜欢玩游戏你就去玩，你喜欢干什么，就随着你的性子去干吧，但无论如何，我都爱你。以前我总是那么粗暴地对待你，真的对不起。"

又过了一周，晓琳打电话告诉自己的密友："之前让我耿耿于怀的毛病，老公全都改了。每天晚上回到家里，他竟然还主动地下厨、做家务……我和老公的关系似乎又回到了刚结婚的时候。"经历了一番成长的晓琳看着老公，以前对他的所有怨气都烟消云散了，现在的她会想，就算她老公天天玩游戏又有什么关系呢，至少他们的关系融洽了起来，一块堵在她心头的大石头终于还是放下了。

所有的人与事以及负面情绪都是如此，当你试着去接纳它的时候，它就会变得柔软起来；而你与其对抗的时候，它就会变得越发强硬。所以，在负面情绪袭来的时候，我们应该像晓琳一般，学着与自己内在的"小孩"对话，去温柔地对待它，与其达成和解。遇到与之对抗的人，首先学着去接纳，然后温柔地对待他，进而去谅解对方，最终与其达成和解。

江潇也有类似于晓琳的感受，她曾这样向朋友讲她的一段经历：

在做杂志编辑的那几年，因为工作需要，经常外出采访。有一段时间我采访的对象是社会的精英和创业成功的企业家。我担心采访的时候注意力会不够集中，影响稿件制作和自身形象，所以，每次都会在头一天晚上计划早睡，希望在第二天能够以最好的精神状态面对采访对象。可是，每次都以失败而告终。或许是太想早睡，所以每当躺在床上的时候，我总是忍不住想，晚睡会让我第二天精神不佳，于是不停地期待能在晚上11点之前睡着。可是，当我越是努力地想让自己睡着的时候，结果越睡不着。

尤其在当时焦虑的状态下，我每晚睡一分钟，我的担心就会增加一分。最后是越想越恼怒，直到晚上11点，彻底崩溃！第二天，在采访的时候，我经常会精神状态不佳，效率低下，极容易出错，为此，我常被领导批评，被采访对象嫌弃我不够专业。自尊心受到严重打击的我在地铁上爆哭，也正因如此，我开始思考自己的睡眠问题。

直到一天晚上，我试着早睡，我想到以前经常用的祷告，一开始试着接纳自己，试着接纳因为第二天采访头一天晚上可能会失眠的事实，不再期待让自己11点之前睡着。于是我便放下失眠，接受自己每次面对越想睡觉越睡不着时的无能为力。然后静下心来，对自己的"内在焦虑的小孩"说："你是如此可爱，可是此时我是如此想睡觉，还是让我睡着吧！"于是，我的身心便慢慢地开始放松下来了，很快便睡着了。几乎每次遇到难以入睡的问题的时候，我都是用这种方法，屡试不爽！接纳自己不容易入睡的问题，进而让自己在完全放松的情况下，自然地睡着。

接纳意味着融合，使情绪与你的生命合一。从这个状态中所产生的行动是最有力量的，它可以改变你周遭的世界！当一个人开始接纳的时候，内在的积极能量便会被唤醒，进而在其积极能量的引导下，你就会柔和地去对待你的"内在小孩"。然后，你的行为和所有的意识都会融为一体，人就会在完全放松的状态下，达到你想达到的状态。

所以，当你遭遇情绪问题时，千万不要试图去摆脱它，更不要去抗拒和否认，但凡被你抗拒、否认和摆脱的，力量都会得到加强，使你越来越痛苦。为此，遇到问题，要试着去接纳，去承认事、人或物原本的模样，不做任何否定的审判，也不做任何抗拒的挣扎，只有接纳后才能好好地控制它。

这里的"臣服"指放低自己的姿态，以"空杯"的心态去面对它。当坏情绪袭来，你可以默默地对内在的坏情绪说："我看到你了，你是我生命中的一部分，我接受你、接纳你，我愿意给你更为广阔的空间，谢谢你，我爱你。"当你这样说时，坏情绪就会像个调皮的娃娃，被看见、理解和接纳后，它便会变得柔软，进而慢慢地消失了。

别用脸上的"假装",掩饰内心的不快

在生活中,还有一种压抑自身情绪的方法:总用脸上的"假装"去掩饰内心的不快。比如,明明内心很讨厌社交,却为了维系关系不得不假装"愉悦";遇到伤神的事,因为明白对别人乱发脾气的后果,怕付出代价,于是假装"高兴";想向他人倾吐心声,怕别人说自己"负能量",而假装"云淡风轻";内心充满了郁闷,害怕说出来会让家人、朋友担心,于是自己扛下一切……在他们眼中,所谓的掌控情绪就是用脸上的"假装"去掩饰内心的负面情绪。不可否认,遇人不随意释放和发泄自己的负面情绪,的确是赢得他人好感和欢迎的处世法则,但是一味地委屈自己,压制内心的负面情绪,会让自己时时处于崩溃的边缘。

张彤在陪母亲与病魔抗争了一年多后,母亲还是离开了她,在经历了人生的重大变故后,她收拾好自己,整理好情绪,就去上班了。身为部门主管的她,依然像往常一样对周围的同事展露笑容,并且不遗余力地对周围有困难的同事给予悉心的指导和帮

助。很多同事说，看到她恢复得这么快、这么好，真是让人佩服。

表面上看起来，张彤似乎已经回到生活的正轨，但内心的悲伤被她隐藏了起来，很多时候她的内心都有一个声音在说，自己并没有看起来那么快乐。朋友开导她，让她尽快将内心的悲伤找个发泄的出口，她却故作坚强地说："我早已学会将自己的悲伤和不快调成了静音！"但是，最近她觉得自己似乎透支了一般，感到身心俱疲，在一次会议后，她竟然一个人在办公室大哭了起来。不过不久之后，她那颗不堪一击的心灵，在短暂的释放后，又被重新塞回皮囊。留给外人的，仍然是那张永远有着嘴角向上弧度表情的脸。

没人知道她经历过怎样的崩溃，没有人知道她过得有多累，没有人知道其实她并不像看起来那般快乐……

的确，生活中大多数人曾有张彤的经历，在假装中"快乐着"。对于看不惯的人，心里哪怕是压着火，你也不对他发飙；总是逃避需要与同事或部门深度沟通才能完成的事；找你帮忙的人，总是理直气壮，却好像从来不懂感恩，你内心尽管很恼火，但也只是笑脸相待；你找别人帮忙，总是觉得欠人人情，一定找机会回报对方，于是总是惴惴不安；你总是看重别人对你的评价，总是默默忍受，默默承担，内心苦不堪言，但又不懂得如何宣泄……

要知道，假装式的掩饰根本无法真正抑制你内心的各种负面情绪的滋生，无法让我们真正地"看淡""看开"，不悦和悲愤只会不断地郁积在心底，将自己折磨得痛苦不堪。实际上，哪怕是不愿被人看到你内心的不快、悲伤、焦虑等负面情绪，你也可以找一张白纸，将自己内心的真实感受，将那些委屈、不快统统写出来、念出来，这样你就会感到轻松多了，也意味着你完成了一次心灵的排毒。或者，你可以暂时抛开那些顾虑，抛开别人的看法，抛开生活的压力，给自己一次释放的机会，给自己的心灵适当放个假，卸下"假装"的面具，当你能直面内心真正的感受，勇敢地说出"我不快乐"的时候，那你便离快乐更近了一步。

一位妇女经常做噩梦，她梦见海里的巨浪向她扑来，她被卷进漩涡，但是周围的人都无动于衷。她吓得目瞪口呆，连"救命"两字都无力喊出来。当她彻底要被海水吞没时，却看见丈夫在不远处微笑着……

一位对她进行治疗的心理医生通过问询得知：这位妇女近来老是跟丈夫吵架，由于她的工作和家务负担极重，常常感觉疲惫，无缘无故地就在心头生起一股无名火。但是她又不愿向周围的人求助，包括自己的丈夫。梦境中的险恶场面其实正是她生活中困境的显照。心理医生告诉她，只有摆脱生活中的紧张感和压抑感，噩梦才会与之告别。

所以，在现实生活中，我们虽应该适当控制一些不良情绪如生气、发怒、嫉妒等，但最重要的是适当地宣泄累积的不良情绪。如向他人倾诉。大家肯定会有这样的体验，找知心朋友倾吐内心的苦衷，把郁积在胸中的憋闷发泄出来以后，就会觉得如释重负，心头轻松不少。倾听就像一种心理按摩，给倾诉者进行心理上的治疗，精神上得到放松，从而获得身心健康。

如果由于外部环境和一些原因没有对象可倾诉，或者难以说出口，也不要憋在心底独自难受。可以找另一种方式，比如写日记、跟陌生人聊天、唱歌等缓解压力，改善情绪。

我们一定要懂得，压抑自己的情绪其实是最愚蠢的做法，聪明的人会在高兴时尽情地释放，悲伤时找人倾诉或找到适合自己的一套宣泄方式。当然记住任何事情过犹不及，恰到好处最重要。

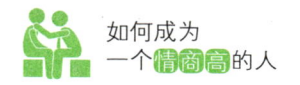

真正地做到接纳自己：
积极地悦纳自己不好的一面

生活中，很多人表现出低情商的一面，是因为无法接纳自己所带来的不好的一面。很多人会对自己良好的一面深感骄傲，但却无法接纳或排斥"自我"不好的一面，于是，内心常处于撕裂的状态。比如，一位叫瑞恩的学生向朋友抱怨道："我觉得自己经常陷入痛苦的一个重要原因，就是自己明明不想学习，想玩，可内心总有一个声音在骂我不能这样堕落，于是我既不能好好地玩，也不能好好地去沉浸于学习。"还有一个刚上班不久的白领叫艾琳，她说道："我真的是自卑，觉得自己长得不好看，毫无工作经验，又没能力，情商又不高，每天上班就是一种煎熬。我该怎么办啊！"……从根本上讲，瑞恩苦恼的根本原因在于无法接纳或者排斥自我"堕落"的一面；而艾琳则是在不断地排斥自我中"不足"的一面。所以，两人经常处于内心撕裂的状态，自然会感到不痛快。实际上，无论是瑞恩还是艾琳，他们刚出生的时候，都是纯净而美好的，压根儿不知道什么是堕落、自卑、能力差或者低情商。那些所有的对自我不好的评价，都是在后天成长过程中，不断地被周围的环境塑造的。

今年刚刚5岁的乔治在不太和谐的家庭中成长，他的妈妈是一个严苛的人，爸爸又经常酗酒，两人经常发生各种不愉快。妈妈经常将对父亲的不满情绪发泄到乔治身上，比如他可能正在写作业，刚与爸爸吵过架的妈妈便拍着他的脑袋说："你看你写的这是什么，你怎么这么笨，这么简单的题目都弄不明白。"在外面逛街的时候，乔治想吃一个冰激凌，却遭到母亲的谩骂，指责他不够懂事，只懂得向大人一味地索取……在无数次的亲子互动中，母亲总是会用自己的行为向小乔治传递一个信息：你太过糟糕了，你总是让人失望，不配我好好对待你。在乔治的记忆中，不仅母亲对自己严苛，而且在学校里老师也对他不怎么友好，原因是乔治的学习成绩太差。于是，当他和别的同学闹矛盾的时候，老师都会先批评他，为什么不把心思放在学习上，对别的同学的过错却视而不见。实际上，老师也在用自己的行动对乔治表达不满：因为你成绩差，所以我不喜欢你，要想被我喜欢，就得提升学习成绩才行。

母亲和老师对乔治的看法，对于小小的乔治来说，都代表着无法反抗的权威，他无可奈何，只能通过"认同"的方式将这些被挑剔的自己的部分内化。这样乔治的内在就分裂为两个部分：一部分是他自身所拥有的、纯净而真实的自己；另一部分是被母亲和老师等权威塑造的自己，这个"自己"是不被自己接纳的、挑剔的和排斥的。后者让成年后的乔治内心始终装了一个"魔鬼"：母亲和老师等权威形象的内化，时时刻刻在不断给乔治找碴，挑他的毛病、让他觉得自己不够好、不能接纳自己不好的那一部分。

等乔治成年后，虽然他已经很早就离开了学校，远离了那位老师，母亲年纪也不小了，不再去批评他了，但是他们的行为影响力却变成了一个"魔鬼"，一直幽居在乔治的潜意识中，只要找到机会，便会冒出来对乔治进行各种攻击。而机会从哪里来呢？从外面的人际关系中来。

乔治在人际关系上，貌似一直处于较为敏感的状态，尤其是外界一旦展现出对他稍加怀疑、批评或者排斥，他都会表现得异常愤怒。这种愤怒貌似是朝向外部世界的，朝向那个批评、怀疑或者排斥他的朋友、同事、亲戚等人，但实际上，这种愤怒是朝向他自己的：是他心中的那个喜欢批评自己的"魔鬼"被外界的质疑、批评或排斥唤醒，然后开始各种挑剔自己——挑剔自己不够好，挑剔自己不被爱。痛恨他人不爱自己，同时也痛恨自己不被爱，这是在人际关系中，愤怒来源的一体两面。

在乔治漫长的人生旅途中，他似乎知道自己内心经常被一个"魔鬼"撕裂着，但他不明白这个"魔鬼"的真面目是怎样的，它究竟源于哪里，如何才能将它驱赶掉。所以，在极长一段时间里，他只知道和这个"魔鬼"共舞，在相当漫长的成长道路上，听从潜意识这个"魔鬼"的指挥，时不时地向他人发脾气，还会时不时地挑剔、否定和指责自己。

那么，在现实中，乔治该如何去治愈自己呢？那就是学着去接纳内在那个被排斥的、不被接纳的"自己"，从而最终与完整的自我达成和解，慢慢地去剥夺"魔鬼"对自己的主导权。成年后的乔治，走进了心理咨询室，他要真正地治愈自己。

乔治问：如何才能好好地接纳自己呢？

心理医生答："这是一条漫长的路，因为你已经习惯了二十多年的行为模式，不会在顷刻间就被瓦解，你可能需要通过一段新的良好关系，内塑一个好的客体，从而试着去剥夺内在的'魔鬼'的主导权。"

乔治问："那该是怎样的一种体验？"

心理医生道："你闭上眼睛，用心感受你内在的'魔鬼'是什么样的？"

乔治说："好像能看见，它是冷漠的、严苛的、张牙舞爪的……"

心理医生问："这很好。那你能看到被它批评和指责的自己是什么样的吗？"

乔治说："有些无助、害怕、慌乱和不知所措。"

心理医生问："那在当下，你最信任的人是谁呢？或者说，让你感到最舒服的人是谁呢？"

乔治说："是我现在的女友，她是个特别温柔的女人，无论遇到什么事，她总是会冲我笑，不过，我总是会在无意间伤害她！"

心理医生说："好的。那你现在就做一件事情，把这个'魔鬼'的形象换成女友的形象，看看会有怎样的感受？"

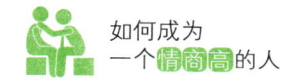

乔治沉默了一会儿说道:"貌似没有那么冷漠和无助了,心中好像有点光亮了,它只是冲着我笑,不再挑剔我了。"

心理医生说:"对,就是这个体验。"

这只是一次简单的精神分析疗法,即帮助受伤者去感受和发现藏在潜意识中的"魔鬼",并且通过置换角色,帮助治疗者重新获得一种内在自我整合的体验。当然,有一次这样的体验,并不能根治内心的"魔鬼",但是想要与"魔鬼"和解,总要首先看到它,才能慢慢地驯化它。如果你与乔治一样,总是因无法自我接纳而被冲突困扰,希望你也有能力看到自己内心的"魔鬼",并和它说上一句:我不需要你再继续审判我、挑剔我和指责我了,我觉得自己真的很不错。

02 找出负面情绪产生的心理根源

——找对"症结",再开"药方"

自我情绪控制能力是情商的重要内容之一。生活中的强者并不是没有情绪,而是不为情绪所左右。那些能很好控制自我情绪者,一方面源于其内在的自信与魄力,另一方面源于清楚地知道负面情绪产生的心理根源。当负面情绪袭来的时候,一个人只有清楚地知道这些负面情绪是如何产生的,比如错误的思维观念、不够成熟的心智、一切以"我"为中心的自私心理等,只有通过自我觉察的方法挖掘出这些让我们陷入负面情绪的心理原因,才能从根本上抑制负面情绪的进一步滋生。

你的自恋性暴怒源于不够成熟的心智

自恋性暴怒，是生活中极为常见的一种坏情绪。心理学上认为，"自恋"是指自己对自我过分崇拜并且过分地关心自己的完美的一种心理状态，拥有"全能自恋"心理的人，总觉得自己是"神"，"神"一动念头，外部世界就会按照自己的意愿给予回应。如果外部世界不按照自己的意愿运转，"神"就会变成"魔"，恨不得毁了外部的世界，这就是自恋性暴怒。

全能自恋心理与自恋性暴怒是一个人心理发展水平极低的一种表现，用通俗的话来说，就是心智发展不够成熟的表现，这种人彻底地活在一元世界中，只能感受到个人的意志，而不能感受到自己与别人都是独立而平等的存在。所以，他们根本不懂得去尊重和顾及他人的心理感受，缺乏共情心理，难以与别人建立有效和融洽的亲密关系，并且经常沉浸在自己不切实际的幻想中。

在现实生活中，如果一个成年人还严重地停留在全能自恋的心理状态中，那就会产生诸多的麻烦，严重地停留在全能自恋心理中的人，如果不去进行专业的心理咨询和治疗，很难得到治愈。因为其内在的需求和愤怒，与婴儿不同，成年人甚至真的想拥有整个世界，并且成年人的自恋性暴怒一旦变成攻击性行为，很容易产生严重的破坏性。

在朋友眼中，玛莉是一个不好相处的女孩，经常因为一些小事而发怒。朋友曾开玩笑地说她内心就像装着个"火药桶"，外界的一点小火花就能让她爆炸。玛莉自己也很清楚，自己的内心确实时常处于冲突的状态。

一次，玛莉与好多年未见的同学安妮约好要一起聚餐，但安妮因为临时有事而取消了约会。当玛莉听到这个消息时，顿时陷入了愤怒之中，并且还在其他朋友面前抱怨安妮不守信用。事后，安妮也体察到了玛莉对自己失约的愤怒，便找玛莉平心静气地聊天。玛莉对安妮说："那次约会真的对我很重要，随着聚会日期的临近，我心中曾慢慢升腾起一股期待的力量，但聚会突然被取消，我便感到内心的这股力量被打断了，感受到整件事情失控了，也感觉到自己被你戏弄了，我认为你根本不在乎我！"

安妮了解到，玛莉的问题在于，这次约会取消是突然的，她已经对这次约会产生了强烈的美好的期待，而突然的取消让她的期待落空。这种期望和现实的落差，让她内心滋生了愤怒。这便是心理学上的自恋性暴怒，此处具体表现为"我"发出了一个期待，这个期待就必须实现，否则，"世界必须按照我的意志来转"的这种自恋感就被破坏了，然后，愤怒由此而生。

对于玛莉来说，如果她的内心藏着一个"魔鬼"的话，那个"魔鬼"就是她自己。她总是期待世界和周围所有的人必须按照她的意愿去运转，否则，这种意愿产生的能量便会转化成暴怒。当玛莉通过自省了解到自己暴怒的真相后，她便能很好地管理自己内心的这种易怒的情绪。

拥有自恋性暴怒性格的人，在他们心中，生活中的任何不如意，都是别人带有主观意愿的恶意的挑战。比如，这样的人在走路时被石头绊了一下脚，他会觉得那块石头带有主观的恶意，便会滋生出暴怒来，会用脚狠狠地踢石头，如果他身边有人的话，有可能还会将这种负面情绪发泄到他人身上。很多时候，在自恋性暴怒者的想象中，引起他们不快的他人或他物的"恶意动机"是他们滋生愤怒的根源，有时候，这种恶意动机是真实的，但多数时候，这仅仅是他们的自恋被挑战后的想象。就像被石头绊脚的自恋性暴怒者，石头本身并不带有恶意动机，那种"恶意动机"是愤怒者自己想象出来的而已。在生活中，许多夫妻吵架时，会因为一句无意的话而闹个天翻地覆，最后都必须以一方向另一方道歉来结束，就是这个思维逻辑在起作用。

生活中，自恋性暴怒者很容易陷入人际关系的障碍中。比如，使夫妻、亲子等亲密关系陷入不和谐状态中，与朋友的关系极容易产生裂痕等，他们极容易因为内在的冲突而陷入内在精神撕扯的状态。那么，在现实生活中，该如何规避这种自恋性暴怒呢？你可以尝试从以下几点出发。

1. 通过自省，确认自己产生愤怒的根本原因

就像上述事件中的玛莉一样，她通过自省之后，意识到了自己的愤怒产生的心理原因，便能从思维方式入手，管理好自己内心的这种易怒的情绪。

2. 遇到问题，积极主动去解决，使心灵获得成长

自恋性暴怒产生的根本原因在于内在心灵的不成熟，即遇到问题后，通常把自己想象成无所不能的"神"，期望问题会自动解决。但任何问题都是不会自动解决的，而当这些问题无法解决的时候，便背离了自我的期望，于是便滋生了愤怒。心理学家武志红说："自恋性暴怒是自我个体破裂的产物，健康的攻击是自我个体受挤压的反抗。"这告诉我们，当个体陷入自恋性的暴怒状态时，极容易失去理智，甚至还会被愤怒控制。事实上，一个人成熟的做法就是，在遇到问题时，积极主动去解决问题，而不是妄想着凭意念让问题凭空消失。当然，解决问题并不是件容易的事情，这个时候，我们就要耐下心来，一点点地去解决。等养成这样的做事习惯后，你的内心便会慢慢走向成熟，面对任何事情都会宠辱不惊。

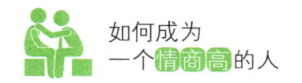

玻璃心式的脆弱：用愤怒来攻击自己

"太过玻璃心，敏感、脆弱，外界一丁点儿的'风吹草动'，便能在我内心激起惊涛骇浪来！"这是张敏对自己性格的描述。在与朋友相处时，别人一句无心的话，便会引起她万千思虑和担忧；在工作中，她一方面认真工作，另一方面提心吊胆、惴惴不安，总怕出错。因为她的小心谨慎，在工作期间几乎没有出过什么差错。在做具体工作时紧张，她倒可以忍受，注意一点，认真一点，多检查几遍也就是了。但是，每次向领导汇报工作，听取领导给她提工作建议时，张敏便会战战兢兢，觉得心都要跳到嗓子眼儿了。若是领导稍微看她一眼，她就会担心自己是不是哪里出了差错。开始，她也只是见领导时紧张，后来，就是见到了同事也会觉得特别紧张。别人说一点什么，或者皱一下眉头，她也会紧张得不得了，两条腿就会禁不住地直打战，心里总想着自己在哪些方面是否表现得不够好。她经常处于极度的焦虑之中，经常夜里失眠，而且头发脱落得也比以前更厉害了。

尤其是每到周一早上去上班的时候，她心里就特别痛苦，不想去上班。情绪也十分消极,对工作也丧失了激情……

现实生活中,像张敏这样的人有很多,他们在人际关系中表现得极为敏感、脆弱和易受伤害。通过心理剖析,我们可以知晓张敏的内在逻辑:她期望朋友、上司或同事都能欣赏她,如果获得他们的肯定或赞赏,她就会获得内心的安宁。而如果别人对她的行为给予否定,她内心就会滋生不安和焦虑;如果她将这份不安和焦虑发泄出去,那有可能会伤害到别人,她就变成了一个坏脾气者;然而,她的内在是异常脆弱的,无论是在朋友、上司或是在同事面前,她都不敢轻易表达这份不安和焦虑,于是这些负面情绪便转而向内攻击自己,便出现了晚上难以入睡和脱发的现象,对工作也产生了畏惧和烦恼……出现这种情况,可能与她小时候被事事都追求完美的父母持续性地进行否定、斥责有关,还有可能她自身具有完美主义倾向,或者说自我价值感较低,无法忍受别人对自己的否定。

在我们的身边,如果你仔细观察他们就会发现,这些敏感、脆弱者思维中大都隐藏着这样一种逻辑:(1)我对他人表达或寄托了一份渴望,如果你满足了我的渴望,就能安抚我的内心,从而获得平静或愉悦;(2)如果我没有被满足,我的渴望落空,这种内在的落差感会让我产生不安或愤怒;(3)如若向外发泄这种不安或愤怒,就会变成显而易见的破坏力,即生活中的坏脾气;(4)因为内心的脆弱,我不敢轻易向外表达这种不安和愤怒,于是这些负能量就会向内攻击自己:怎么这么一点小事都做不好,我真的是不好,难怪会被朋友在背后议论……那么,在现实生活中,玻璃心式的脆弱,该如何去疗愈自己呢?

1. 通过自我觉察去深层次地分析自己内在的脆弱形成的根本原因是什么,然后才能对症下药

敏感、脆弱的个性并非天生的,而是由后天的成长环境造成的,你要深入去挖掘造成你这种个性的根本原因是什么,是原生家庭带来的,还是其他的一些原因带来的。

今年35岁的安妮是一家企业的职员,是个极为脆弱和敏感的女孩,所以总是极难结交到好朋友。如今的她都工作好多年了,但对别人讲的所有的事情还是过度敏感。在平时的生活中,她说自己根本无法按照字面意思去理解别人说出的话,总觉得对方在有意无意地嘲笑、讽刺或针对自己。在工作中,同事一句无心的话,便会让她难受好几天。尤其是领导跟她讲话时,她总是会想东想西,总是会忍不住去猜测领导话语背后的意思,不仅白天想,到了晚上躺在床上还是会忍不住瞎琢磨……总之,任何事情她都能想出一些不好的可能性,无尽的焦虑、煎熬和痛苦总是围绕着她,她真的觉得自己已经撑不住了。

在谈及自己眼下的经历时,安妮表现得很坦诚,但当心理咨询师问及她童年的经历时,她却表现出沉默的态度。后来在心理咨询师温和的试探和引导下,她才勇敢地说出了自己以前的经历。她说,自己对童年最深刻的记忆就是父亲对她的嘲笑。父亲是小学代课老师,总是希望自己的孩子能智力超群,学习成绩能名列前茅,可小时候的安妮是个反应有些迟钝的女孩,学习成绩总是不及格,这让她的父亲难以接受。于是,她父亲便总是嘲笑她说:"你的智商那么低,一定不是我的女儿!""看看你,怎么那么愚蠢,动物都比你聪明!"……那时安妮不到十岁,父亲的话让她很是受伤。对于那个时候的她来说,在挨打和嘲讽之间,她说自己一定会选择挨打,因为挨打后的伤痕是看得见的,至少还能招来其他人的同情。但是责骂则会让人内心受伤,关键是寻求不到外界的任何安慰,甚至根本没有人将那些伤害放在心上,他们以为一个小孩子没有记忆,也不会将那样的话放在心上。可对于安妮来说,那种被侮辱和否定后精神上的撕裂感真是让人难以忍受。

身为父亲的嘲弄对象,安妮竭尽所能地去掩饰自己挫败的感觉。在被父亲不断否定的环境中长大,安妮做什么事情或说什么话都是战战兢兢、不自信的。为了避免被父亲嘲笑或讽刺,她的神经末梢一直都是暴露在外的,在这种持续性的紧张环境中,安妮总觉得有人要伤害和羞辱自己。她的过度敏感、羞怯以及对别人缺乏信任也是她努力保护自己不受到伤害的必然手段,但同时也是毫无效用的办法。

因为原生家庭带来的伤,安妮要想治愈自己,就要用理性的"内在成人"来摆脱"内在小孩"的控制。

一个人的"内在小孩"是其性格组成的一部分。由于这种性格特质是通过童年经历和先天气质形成的,所以心理学家称之为"内在小孩"。而这个"内在小孩"的角色,在很多时候决定了我们的感受与行为方式,即便是在长大之后我们还会形成一个"内在成人"的角色，而且对于一些问题也会有极理性的思考，可是我们仍旧会被"内在小孩"操控，因此生活中，很多人会有这种感觉："身为成年人的我都懂这些道理，但仍旧改变不了自己。"由原生家庭带来的心理过度敏感者，正是受困于"内在小孩"这个角色所形成的一系列要求和准则，然后一直以此去生活，但从来不自知。在生活中，敏感者可以通过"内在成人"这个角色去调整这一切。比如，当有人在窃窃私语，你觉得他们是在说你，这其实是你的"内在小孩"在控制你，当你意识到这些时，你要及时调动你的"内在成人"来纠正这一看法，你可以告诉自己：他们窃窃私语是他们的事，我又没做什么损害他们利益的事，那根本不关我的事，我也不必去过于忧虑。再如，当老板找你谈话，只是交代了一下你下一步需要改进的工作方向，这时你可能会觉得老板是不是对我做的工作表达不满，是不是要找借口辞掉我了呢？这其实是你的"内在小孩"在控制你，这时你可以立即调动你的"内在成人"来纠正这一看法，你可以告诉自己：我以前的工作虽然不出色，但也没有犯什么错，老板为我指路，就是希望我能把工作做得更出色，接下来我只需要持续性地改进我的工作方法，为公司创造效益，就一定会获得老板的青睐……你如果能坚持一直这么做，久而久之，你就能够扭转身上的脆弱、敏感特性。

2. 及时将内在的不安、愤怒或焦虑等负面情绪找一个合理的出口

内在脆弱、敏感者的内心都是满满的负面情绪，如果能给它们找一个合理的出口，比如，通过把你内在的担忧写出来，到没人的地方去喊叫，进行运动等方式将内在的负面情绪给排解出来。

3. 做真实的自己，全面地接纳自己

高敏感、内心脆弱的人，通常都是低自尊者，他们对自己的能力不够自信，缺乏安全感，总是怀疑自己是否足够优秀，是否能获得他人的接纳。这种怀疑和担忧的本质是无法接纳真实的自己。对于个性敏感者来说，你要清楚地知道，每个人都是不尽完美的，包括自己在内，自己的敏感主要源于对自身条件的不满，因为这种不满才会让自己不断地打压或否定自己。所以，我们要消除这些疑虑，就要接纳自己的不完美、不够优秀，接受与期望中的自己的落差。当然，这并不意味着不求上进、不思进取，而是能在努力的过程中认识到自己在一点点地进步，从而获得自信，虽然自己还未达到期望的样子，但自己在慢慢变好。

4. 大胆地将自己内心的感受说出来

高敏感者，总是喜欢对别人的言行过分进行解读，一旦解读出不好的信息，就会产生不好的心理感受。而解决这一问题的办法就在于，你要大胆地将你的心理感受说出来，让别人知道。比如别人开玩笑说："你怎么不说话呢？难道是表达力欠佳？"

这个时候，你不要去过度地猜测别人是在鄙视你还是在关心你，而是要大胆地表达自己的感受："我觉得没有必要表达就不说话了，你尽管表达你的观点就行了呀！"

大胆说出自己的心理感受，让别人知道你的想法，你也能更进一步知道别人的想法，这样信息就会表现得更具体，你就没机会把信息放在心里"独自"分析了。

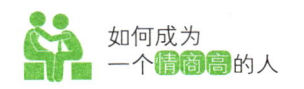

强势的人,内心大都住着一个"胆怯的小孩"

生活中,还有一种人常常为负面情绪所困扰,他们有着极强的"控制欲"。这种人外表强势,脾气火暴,看起来极难与人相处。他在面对某一件事或者某一个人时,总是渴望拥有绝对的支配权,不允许意外或者出现其他差错,稍有违背其愿望或意图的情况,他便会大发雷霆或者生闷气。一般来说,他都有如下的表现。

(1)总会不断地给你提要求,认为你应该按照他的要求来做事。

(2)喜欢批评你,你这么做是对的,那么做是错的;你这么做是不合群,那么做是没特色。

(3)希望你能为他的感受或情绪负责任,他经常会说:"你这样做一点都不爱我!""我不幸福、不快乐都是因为你没做什么什么事。""你没有怎么怎么着,我怎么能够开心呢?"

(4)他没有错,错的都是你。在对错问题上特别擅长使用外归因,表现为他的对错好像无须讨论,但你的对错特别重要。如果发生了不好的事情,一定都是别人的问题,从不在自己身上找原因。

他们常说的话是："我这样做完全是为你着想，你为何不理解我的苦心？""如果你不按照我的要求去做，我们还是分开吧！""你必须这么去做，否则，我会伤心死的！"……这样的人总是一副受害者的面孔，施压者的心态。他们总是深切地期望着别人按照自己的意愿去行事或改变：期待父母退让，期待恋人妥协，期待朋友给予自己足够的包容，期待所有的需求被无条件地满足……他们总是过分地关注自身的情绪，关注自己内心的诉求，对别人的处境和现状有意无意地忽视。这种低情商行为，很容易造成人际关系的紧张。

最近小倩和男朋友正闹分手，这次是男友主动提出的，并且分手的态度很坚决，他觉得和小倩在一起真是太累了。他俩起初在一起还算投缘，女友黏人，你侬我侬。可时间一长，男友就有点招架不住了，因为小倩真的太过强势了，总想去控制他：从睁眼到闭眼，不断地打电话，微信必须发定位，从吃饭、喝咖啡到轧马路，整天都要随叫随到；遇上她心情不好，就会朝他怒吼，拿他当出气筒……每当她带着命令的语气提出要求，小倩的男朋友皆以欠债般的歉意，去喂饱她不停许出愿望的嘴巴。两人很快从相爱走到了相厌，他最终提出了分手。

朋友劝小倩："爱情之外，相处之内，越想要控制，越是容易失去。"但小倩丝毫不放在心里。其实，小倩自己有苦难言，看着即将离开的男友，她终于忍不住哭诉道："我这个人，外表看上去很强势，内心却住着个'胆怯的小孩'，生怕不被人接纳不被人认可……"

实际上，控制欲强的人都有着像小倩一样的苦恼。他们外表看起来强势，具有极强的"攻击性"，但实际上内心住着一个"胆怯的小孩"，因为缺乏安全感，所以经常会与外界发生冲突，被负面情绪控制。

从心理学的角度分析，一个人的"控制欲"大都源于成长过程中别人对自己的不接纳，或者遭遇的某一种创伤。比如，抚养他的人总是看不起他，认为他总是不行，甚至经常表达失望、嫌弃的情感，那么他就会对自身的"弱小""虚弱""无能"感到十分恐惧，并且可能在潜意识里压抑太多痛苦和委屈的情绪。这些痛苦的情绪是如此强烈，以至于当事人不敢将它放出来去直面它，而是采取回避的方式不去面对，在接下来的成长中也就没有发展出可以应对这些情绪的能力。他甚至会十分严重地否认自己人格中的这一面，不愿意去触碰那些弱小、脆弱、无助的部分，并且会竭力地证明自己是个强大、正确和高高在上的人，以此遮掩自己潜意识里面的创伤。有的人不接纳的是自己的脆弱、弱小、不如别人的一面，有的人可能接纳不了分离，有的人接纳不了犯错。在所有"不接纳"下面埋藏着的都是巨大的"恐惧"感：害怕自己被抛弃，害怕自己不被爱，害怕自己因不够好而受到伤害。

控制欲过强者经常会采用"否认"的防御机制去回避自己的这些问题，但是他们又经常体验到巨大的恐惧，就是我们通常所说的"安全感的缺失",所以,他们就会像抓救命稻草一般抓住外界环境或者别人,以此摆脱这种不安感:向外界证明他们强大、有魅力,绝对正确,以此来稳定自己的内心。所以,很多人也发现,一个控制欲强的人,背后往往是安全感的丧失。所以,从根本上讲,一个"控制狂"要想很好地控制自己的情绪,就要在意识到自身安全感丧失的同时,正确地接纳自己,接纳自己的性格的"缺点",然后和谐地与它们相处。具体来说,可以尝试着去这样做:要正视原生家庭对自己造成的创伤,去安抚内在"胆怯的小孩"。比如,回忆并确认一下自己在幼年时期经历过什么创伤,再如经常会受到外界哪些指责、批评、打压等。如果有,说明你的"内在小孩"还处于受伤状态,需要我们去拥抱它、疗愈它。当然,要实现疗愈,我们还要在自己失控时及时地停下来,去连接我们的"内在小孩",去接纳自己。停下来去抱抱那个自己,牵着它的手一起前行。

一旦我们的"内在小孩"得到了疗愈,它的喜悦、创造力、生命力、信任等特质就能毫无阻拦地表达出来,为我们的生活带来无穷的乐趣和希望。

总是看对方不顺眼：
可能是对方触碰了你的"伤疤"

无论是在交际场合，还是在职场中，都有一种行为堪称低情商：总爱挑事儿、看别人不顺眼，把别人很小的缺点一直挂在嘴边到处嚷嚷。这样显然是不受人欢迎的，甚至还会招来他人的厌烦。但是，那种总是看别人不顺眼的低情商者，究竟有着怎样的心理机制呢？有句话说，看对方不顺眼，是自己的修养不够。那些爱挑剔的人，真的是自身的修养不够吗？这可不一定。从心理学的角度分析，那些总看人不顺眼的人，可能是对方触碰了其童年时期的某些"伤疤"。

长相漂亮的康妮就职于一家国际性的大公司，她曾毕业于某名牌大学，工作能力出众，有着不错的职业前途。但最近她陷入了焦虑之中，原来公司给她派了一名女助理，工作能力还算不错，但康妮总看她不顺眼，尤其是每天早上看到助理把自己打扮得光鲜亮丽，一身名牌服装，康妮的心里就很不是滋味。康妮也知道，助理每天这样装扮自己并没有什么错，尤其是在这种国际性的大公司，每天打交道的都是公司的管理层，应该讲究一些。可康妮就是忍受不了助理那个做作样儿。于是，她总是会在工作中找助理的碴儿，以发泄心中的不满。比如，康妮会抱怨她将打印的文件送来晚了，会嫌她做的PPT不够美观，会拿她表格中出现的一点小错误大做文章……助理刚开始也总是忍着，后来渐渐地会对她的挑剔予以反击。这样一来，两人的矛盾便更大了。康妮觉得自己每天上班像受煎熬一样，尤其是一看到助理便会不自觉地想找她的碴儿，很是痛苦。

后来，康妮在与做心理咨询的朋友聊起自己的烦恼时，朋友询问她，是否在小时候因为穿得太过漂亮，打扮得太过招摇，被父母或周围的亲人否定或打压过？这一问勾起了康妮对小时候的回忆。她的原生家庭不富裕，父亲是一家小工厂的普通技术员，妈妈是个下岗工人，而且身体也不好，经常生病住院。所以，妈妈自小就教育她，要懂得节约，花钱不能大手大脚。康妮清楚地记得小时候，在学校安排的一次出游中，她因为与同学一起吃了"大餐"，花掉了父母给她的所有零花钱，因此受到了母亲的责骂。还有一次，她因为上体育课，向父母讨要一双名牌运动鞋，但遭到了母亲的斥责和拒绝……在这样的成长环境中，康妮自然也养成了节俭的性格，平时穿的和吃的都比较普通，自然也看不惯像助理那样天天名牌傍身的行为。

从心理学的角度分析，当一个人看另一个人不顺眼时，很可能是这个人身上的某些特性或表现触动了他内心的情结或阴影的部分。比如康妮,她自小就被父母要求过一种节俭的生活,过于奢侈就是一种"罪恶",是不被接纳的。她小时候做过的一些"奢侈"的小举动,遭到过母亲的斥责,这让她产生了愤怒、屈辱、羞愧等负面情绪,同时这些负面情绪因为未能获得及时的发泄或表达,在以后的生活当中,当类似的情况出现时,如助理的"奢侈"装扮,便激活了她内心的那些负面感受,她无法排解,表现在工作中便会处处责难助理,让助理难堪。

在某些情景中,你看一个人不顺眼,发觉对方没有你有力量,不能与你相抗衡,于是会将曾经"弱小"的自己投射到这个人身上,对他进行肆意的攻击,故意让他当众出丑,不给他面子,甚至还故意刁难他,这其实是你将原来压抑在自己潜意识中的负面情绪转嫁到了他人身上。这样做的结果虽然会让你感觉比较爽,因为你被压抑的情绪得到了释放,但从人格成长的角度来看,其实是我们内在强势的一部分在欺负内在弱小的另一部分,说明我们的内心在分裂和冲突的状态中。比如,一个人唯唯诺诺,没有一点骨气,遇到事情就退缩或逃避,不敢承担责任,做事不够果断。你看这样的人特别不顺眼,说明你的内在也有这部分的特质,只是你很讨厌这一部分,于是当现实生活中有一个人表现得很懦弱,缺乏担当精神时,你就会把自己内在的懦弱的部分投射到这个人的身上,从而产生排斥和厌恶的情绪。正如著名心理学家阿尔弗雷德·阿德勒所认为的那样,爱挑刺的人大多有极为深刻的自卑感,自我评价很低,内心怯懦,要通过挑别人的毛病来获得心理上的优势。这种自欺欺人、借语言逞能的做法虽然招人讨厌，但能让他们的内心获得力量感和稳定感，以"挽回"一点点的自尊心。

看别人不顺眼，是我们内在成长的契机，我们可以借此了解自己的内在。学会和我们内在被压制的"情结"和"阴影"去好好相处，进而实现人格的成长和整合。具体该怎么去做呢？

1. 通过回忆去了解和体会自己所经历的创伤

比如，你莫名其妙地看一个人不顺眼，那就要去深挖他身上的哪些特质让你感到不爽，再回忆自己的童年是否有被父母师长压制过的经历，让你感到愤怒、羞愧、屈辱等。然后，试着与内在的那个"胆怯的小孩"进行对话，用话语去安抚它的情绪，从而完成"未完成事件"的修复体验，使内在的不良情绪被化解。

2. 将当时被压制的负面情绪释放出来

你要仔细地去体会你所经历的创伤，体会和描述自己当初的感受，然后释放当初的负面情绪。要知道，表达是释放自我负面情绪的一个重要途径。同时，你要学着去与你的原生家庭和解，要懂得谅解你的父母，认识到他们在你身上犯下过错，也许并不是故意的，慢慢地，你要通过提升自我认知，建立起一个新的内在系统，告诉自己，我活在此时此刻，作为一个成年人，我可以学习健康的处理方式，进行有意识的选择，不再投入那些明知道是有伤害性的关系和行为里。

内在的"敌意",极容易招来敌意

赵珊经常会被生活中的一些"小事"绊住脚,特别是最近一周,她感觉"诸事不顺":在周一上班的路上,因为认错了人而十分尴尬,一天下来都在为自己的行为而感到不安;周二的时候,又因为上班迟到而受到领导的批评,心情一天都极其低落;周三的时候,孩子因为在学校与人打架,她被老师通知到学校一趟;周四,她受公司委派去与客户谈一个合作项目,那时她的内心已经积攒了太多的怒气,于是在谈及一个合作细节时,她与客户发生了激烈的冲突。为了避免与客户的矛盾进一步激化,她选择了暂时性回避。

在休息室,赵珊闭上眼睛,开始梳理这一周来发生的所有事情。她深知,自己固然对工作很用心,但内心一直装着强烈的不满情绪,这些不满情绪都是因为生活中诸多不顺的小事滋生的。她表面上善解人意,在同事面前表现得客客气气,但内心憋着一股愤恨或者说是敌意,而在与客户的交谈中,对方尖锐且强硬的话语唤起了她内在的敌意,使她情绪大爆发。她与客户发生分歧,本属于客观事件，但在她的意识中，她已经将客户看成带有主观敌意的人，但这种"主观敌意"是她自己臆想出来的，于是在与客户进行交谈时，她觉得客户的尖刻和强硬是在专门针对她，这自然激发了她内在的心理防御机制，于是，激烈的冲突便发生了。

梳理到这里，赵珊开始闭目静思，去觉察自己心中的这种敌意，这份敌意让她一直处于紧绷的状态，尽管这种表现极为轻微，但如果你仔细地感知，仍能感觉到。于是，接下来的她开始让自己的身体处于放松的状态，闭目仔细地去纾解自己情绪上的敌意。身体上原来存在的那种紧绷感，在她处理情绪时，随之平静、放松下来。

这样做，是为了让自己平静情绪，去心平气和且真诚地给客户道歉……

其实，在现实生活中，我们内心的焦躁等负面情绪，都是由内在臆想出来的"敌意"造成的。比如，你正好好地走路，突然被石头绊了一下，你便开始对那个绊你的石头破口大骂，你骂那个石头，是因为在你头脑中主观地认为那个石头是带有"恶意"的，是在故意与你作对；再如，你到菜场买菜，旁边的小商贩不小心弄脏了你漂亮的新裙子，对方本来无意，可你会臆想出人为的"敌意"，觉得对方是故意的，于是便会发生冲突……生活中，这些看起来极为普通的低情商事件，都是你内在的真实反映。如果你内心装满了敌意，便会在外界激发下表现出恶意来；如果你内心装着善意，便会被激起善意。生活中有一些人，他们在外做事，经常能化险为夷，遇到各种各样的贵人，甚至很少有人想伤害他们，这是因为多数时候他们内心装着满满的善意，周围的人便也会回馈给他们以善意。对于这种高情商者，即便有人故意对他们投去"恶意"，他们也会带着善意去对待、处理，那他们自然就难以与人发生冲突和矛盾。

张妮一大早骑车去上班，结果走到路上突然爆胎，她想修，但因为太早，车棚还未开门，她想找专卖店去解决，但对方也未开门……这个时候，她内心便滋生出了无名的怒火，觉得自己所有这些不顺的背后，有一个大"魔鬼"在操纵，故意和她作对，她心里便滋生出被生活"迫害"的感觉，这种臆想出来的"敌意"，让张妮觉得周围的所有人都对她充满了敌意……正好，张妮到早餐店排队窗口等待，没一会儿她便对眼前长长的队伍心生厌烦。于是，她拨开人群冲到窗口连催几次，并向一个服务员发牢骚："凭什么先给打包带走的顾客准备啊？"服务员笑着说："实在不好意思，顾客太多了。"

5分钟后，一位服务员端着油条和豆腐脑给张妮送过来，一边递给她，一边说："你再着急也得慢慢来啊，这大冷的天，谁不着急呢？"张妮毫不示弱地反驳道："他们着急上班，我就不着急啊？"服务员也没说什么，转身就走开了。

就在服务员转身的一刹那，"砰"的一声，很多客人吓了一大跳，只见张妮把装着油条的盘子朝桌子上使劲一摔，油条和豆腐脑散落一地……接着，她便气呼呼地走开了，只留给店里的人们一个"雄赳赳,气昂昂"的背影。

服务员对张妮的怠慢也好,不理会也罢,都不重要了。张妮是饿着肚子走的,估计也没什么胃口再吃别的东西了,因为她那可怜的胃已经被一包气给塞满了。

生活中,我们总觉得处处不顺,觉得处处被生活"迫害",被别人"为难",其实这多数是因为你的内在心理出了问题,你觉得生活中的一切都对你充满了"敌意",但这种"敌意"完全是你自己臆想出来的,这让你对周遭的一切都充满了"攻击性",激发出你内在更多的负能量让你和外界起冲突。所以,在现实中,当你总觉得自己常被小事绊住脚,觉得事事不如意时,就要懂得去体察内在的真实心理,学着去感知那份臆想出来并强加在外界的"敌意",然后以冥想的方法化解它们,让内心恢复平静,从而让"幸运"如约而至。

具体做法如下。

1. 平复心情

找一个安静的地方,坐在靠背椅子上面,挺直你的腰板,两脚分开,宽度约与肩部相同,并且自然垂于地面,眼睛半睁半闭,视线落在前方1米左右的地方,默念"心平气和"四个字,你慢慢地就能让心灵从慌乱的状态中平静下来。

2. 用心感受你内在的"敌意"

感受自己的身体,以及心中滋生的"敌意",或自己强加在周围的"敌意",让它自由地在自己身上流淌,从头到脚,再从脚到头。当你能感受到它时，它的力量便会减弱，最终与你达成和解。反复训练几次后，你的身体就会感到放松，那种你臆想出来的"敌意"，便会慢慢地消失，从而让你心平气和。

低情商者，总是太过执着于"我的"

生活中有一种人总爱与人发生矛盾和冲突，这一自私的低情商行为的根源在于他们太执着于"我的"。在学校，他们会说，你是"我的"老师，你不能特别地欣赏别人，一定要欣赏我；在社交中，他们会说，你是"我的"朋友，一定要对我够义气，讲信用；家长说，你是"我的"孩子，一定要听我的话；孩子会说，你是"我的"妈妈，只能对我好，不允许你对别人好；老婆会说，你是"我的"老公，你要一切都听命于我；老公会说，你是"我的"老婆，不允许任何一个异性去惦记……他们的一切行为和思想，都是紧紧地围绕满足"自我"的需求而展开，于是经常会以"我的"的名义去要求周围的人，甚至想去控制对方，那么嫉妒、仇恨、贪婪、背叛、吵闹、纠纷等自然就开始了。

一个十多岁的男孩，和离异的妈妈一起生活了很多年。日子虽然过得紧巴巴，但是无私的母爱让他的童年生活充满了快乐。

一天，他放学回家，看到一位陌生男子——那是别人给妈妈介绍的对象。男孩看到他，扭头就往外跑。从此之后，他就变得郁郁寡欢，有时候甚至还为此事与妈妈大吵大闹，说："你是我的妈妈，你的世界里只能有我，你除了我之外不能爱任何一个人！"

妈妈语重心长地告诉他说："我是你的妈妈，但我也是我自己的啊！"

自私者，在很多时候总是执着于"我的"，在一段关系中，他们时常会有这样的思维逻辑：因为你是"我的"，你必须完全按照我的意愿来行事。他们将其他人和万物都当成自己可以掌控的"棋子"来对待，任何人必须按照他们的意愿去行事，否则他们就会陷入负面情绪中。他们总以个人意志去控制他人，而不将其视为独立的个体去尊重。一个人出现这样的状态，是心智不够成熟的表现。

要知道，无论我们与另一个人的关系在社会属性上有多么亲密，但在生物属性上，他首先是属于他自己的，你的各种强制性的"掌控"行为，会让对方在失去"自我"的同时，对你产生排斥感。毕竟没有一个人喜欢被人控制和过多地干涉。高情商者会将身边的每个人都看成一个独立的个体，尊重他人的一切行为、决定和思维方式，给人如沐春风的感觉。

今年35岁的刘茵是个普通的女人，她的丈夫张俊是一家集团公司的总裁，拥有上千万资产，而且长相帅气，知识渊博，为人风趣幽默，再加上他事业越做越大，周围自然有很多女人围着他转。

经常会有漂亮的女人给他发暧昧信息，甚至有女人直截了当地向他表白。然而，刘茵从来不害怕失去丈夫，反倒是她的丈夫张俊唯恐失去她，费尽心机地讨好她。这背后究竟有着怎样的故事呢？

大多数女人在丈夫长年不在家，又因事业疏于跟她联系时，会感到寂寞、孤独，刘茵却把自己一个人的生活打理得有声有色。

她一个人在家时，会安静地看书，会流连美味的餐厅，还会在路边咖啡厅静坐良久，看街上的人来人往。

刘茵有许多朋友，其中有企业家、社会名流、文化精英，她经常与他们喝茶聊天，这增长了她的见识和智慧。

另外，刘茵还经常一个人背着包，去很远的地方旅游。她哪儿都想去，哪儿都敢去。人生地不熟，语言不通，都不怕。旅行大大增长了她的见闻。

很多人问刘茵："你难道不害怕有一天你的男人会被别的女人抢走吗？"她答道："他从来就不是'我的'，他是他自己的。如果他能永远爱我，我当然会高兴，如果有一天，他真的要跟我离婚，我也会高兴，因为我不会同一个不爱我的人生活在一起。"

转眼间，刘茵和张俊结婚已12年了，在这个婚姻无比脆弱的年代，他们依然恩爱如初。许多女人羡慕刘茵，说她找到了一个好男人。而刘茵毫不谦虚地说，是张俊运气好，能娶到她这样优秀的女人。大多数女人结婚是为了找个男人来依附，使自己的人生更完整。而刘茵说："婚姻的目的并不是找一个能令我完整的男人，而是找一个可以与他分享我的完整的男人。"

故事中的刘茵是智慧的,她的婚姻之所以能长久地维持和谐,最主要的原因是她从不认为老公是"我的",而是以欣赏的眼光去对待对方,尊重对方的"自我",从而获得对方的尊重和爱恋。要想提升自我情商,赢得并维护良好的人际关系,就要放弃狭隘和自私,对身边的每一个个体予以尊重。当然,要做到这一点,就要主动去修炼自我,使心灵获得成长,自己先成为一个独立的个体。

另外,在与人交往时,应该有边界感,在与他人交往时,一定要时刻提醒自己,对方的"自我"领域一定不要跨越和故意去侵扰。同时,在遇到生活难题时,最好自己去解决,学会主动去承担人生中的各种责任,是一个人心智获得成熟的重要方法。

同时,要找出你的心灵深处的消极层面,不要着急,更不应该因此背上沉重的负担,而是应该冷静地分析这些消极层面产生的根源是什么,然后寻"标的",一点点地予以改变和纠正。

内心的疲累，多源于内在的"交战"

在生活中，很多人可能有过这样的感受：一个人不工作、不交际，在家里安静地"宅"一天后，也会感到无比疲惫。这种累，多源于内心的撕裂和交战。他们一方面感到孤独，无比想与外界的人或事建立连接（这种感觉常会被我们忽视），但另一方面又惧怕与外界建立任何的连接，所以压制着这种渴望。这种内在撕扯的状态，会让人陷入极度的疲惫中。

与外界的人与事建立连接，是人类最基本的渴望，如若我们故意去压制它，将消耗掉巨大的能量，疲惫感便会产生。相反地，如果你让自己有意义地忙碌，去主动做自己喜欢的事，与喜欢的人去交流、沟通，便会在一定程度上帮助缓解这种疲累。

路易清楚地记得，在自己刚上班的时候是心潮澎湃的，每天上班丝毫没有疲惫感。但是渐渐地，他每天上班重复的都是一件事情，这让他对工作丧失了激情。最近，他对自己开始有些失望，不停地纠结要不要辞职。就这样，在纠结中的他，连早上起床都

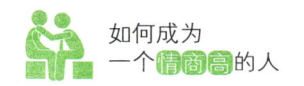

感觉疲惫不堪,早上上班时无论是乘公交还是自己骑车,都会感到心里堵得很,极为烦躁。更为重要的是,路易不善交际,平时也没有什么朋友,星期天经常在家窝着,不出门,每次周末过后,他内心的疲惫感没有丝毫减轻……

导致人产生疲惫的多数原因,在于内在心灵的撕扯感,比如,我们在抗拒与他人交流的状态下会产生犹豫、纠结等情绪,便会感到疲惫不堪。这个时候,要减轻这种内在的痛苦,最好能主动参与人际交往,比如约好友出门聊天,将你内在的痛苦说出来;参与到自己喜欢的工作或事情中去。与人或事产生关系,就意味着连接的建立,这样你与自己喜欢的人或事之间就会建立一种通道,能让你的情绪在这个通道中自由流动,那些被你压制的负能量就会得到释放,内心的撕扯感便会减轻,疲惫感自然也能得以缓解。

生活中,我们都有这样的体验:当自己在做喜欢的事时,不会轻易感到累,甚至还有可能会越做越精神。因为当你投入喜欢的事情中,你便与事物建立了深度且积极的连接,这种连接会使你内在的情绪得以自由流动,疲惫感自然就不会产生;同理,与自己喜欢的人在一起,也会越来越享受,这也是因为有了与外界的连接,你的情绪才得以自由地流动。那么,在现实生活中,我们该如何摆脱这种疲惫感呢?

1. **主动去做自己喜欢的事**

心理学中有种幸福的状态叫"心流",具体是指一个人在专注于进行某个行为时所表现出来的心理状态。如艺术家在创作时所表现的心理状态。在此状态中，人会不愿被打扰，也称抗拒中断。这是一种将个人精神力完全投注在某种活动上的感觉。心流产生的同时，人会有高度的兴奋感、充实感与满足感。所以，在生活中，你想要甩掉这种内心的疲累感，不妨投入一项自己喜欢的事情，当你全情地投入时，你会忘了时间，甚至还会忘了自己。那么，过后你的内心便会获得满足感、幸福感和价值感。

2. 冥想

冥想是滋养心灵的一种有效方法之一。西方一位有名的冥想教练列克·汉斯博士在解读冥想的奥秘时说过这样一段话："冥，就是泯灭；想，就是你的思维、思虑。冥想就是把你要想的念头、思虑给去掉。可以说，冥想是一种祛除心灵污尘，给心灵洗澡的有效方法。我们每天可以抽一点时间，以一个简单的动作开始冥想，整理我们纷乱的思绪，暂时忘却工作，忘掉烦恼，让自己进入一种全新的忘我的境界之中。"可见，冥想就是调整内心的节奏、祛除烦恼，达到忘却当下的"无为"境界的一种方法。你可以通过安静地重复呼吸，通过调整身体来调整心的节奏，然后让心的波动飞向那静寂的世界，飞向那广阔无垠的世界。在生活中，当我们陷入疲惫状态时，可以花10分钟到30分钟去静坐，将注意力集中到一次呼吸、一个词语或者是一个形象上面，你就可以训练自己将注意力集中到当下的时刻。通过一些简单的动作练习，可以使人告别种种不快，帮助我们平衡负面情绪，重新掌握生活。与传统的瑜伽作用比起来，冥想不仅可以有效地锻炼身体，更重要的是它可以平衡人的情绪，从而达到真正意义上的"修心养性"。

内在的矛盾和冲突，最消耗心理能量

在现实生活中，当你感到烦，或者是纠结，大都是由内心有矛盾或冲突造成的。有矛盾和冲突，就有处于"战争"状态的两个方面。而内在的"战争"会让我们的精神处于撕扯的状态，这恰恰是最消耗心理能量的，所以工作中我们会感到极为疲惫。在工作或生活中，我们感到被压力压得喘不过气来，并不是说工作任务本身有多繁重，而是这项工作让你陷入了内心撕扯的状态。比如，领导给你下达一项工作任务，你本身对这个工作任务很排斥，它可能并不是你自己所擅长或喜欢去投入做的，你内心就会对工作产生排斥心理，这种排斥会让你内心处于必须做与不情愿去做的"战争"状态，内耗也就产生了，心灵自然会感到疲惫不堪……很多时候，让我们感到疲惫不堪的并不是事情本身，而是这件事情让我们陷入了内在"战争"的状态，从而消耗了我们的心灵能量。有人在爱情中感到疲惫，是因为恋爱让他陷入了矛盾的状态：对恋爱对象身上某些特质的迷恋与自己渴望自由之间有了矛盾，这种矛盾让其内心陷入撕扯状态，自然也就消耗了心灵能量。所以，当我们感到疲惫时，就要通过自我内省去观照内心的真实状态，了解到我们内心存在着怎样的矛盾，并且产生这种矛盾的根本原因是什么，进而通过有效的途径让我们从这种内耗的状态中走出来。

张芹最近对工作感到烦恼不堪，原因是她与新来的领导合不来。每次领导指派给她任务，都会给她指出具体的处理办法，而张芹每次都会按自己的方式去处理，这让领导极为恼火，曾在会议中多次对她提出了批评。这让有多年工作经验的张芹很是难过，曾几次想辞职，但目前这份工作的薪水不菲，公司给的福利也不错，而且自己每个月要还房贷，她尽管很不开心，但每天还得硬着头皮去上班，这让她痛苦极了。

张芹曾向同事抱怨："每天上班的心情真是太糟糕了！那份辞职报告已经在抽屉里锁了几个月，就是没有勇气交上去……每天都在痛苦中挣扎，让人疲惫不堪！"同事安慰她："不然你向领导申请调个部门。"张芹说自己好不容易在这个部门熬到现在的位置，调部门得从新人开始做起，自己更不情愿！同事又建议说，那就辞职跳槽。张芹说："现在不大可能，因为有房贷要还！"然后，同事又听她抱怨了几句，也没有什么好的建议。张芹知道，能真正解决问题的只有自己，别人根本无法消解自己内在的痛苦。

在各种心理挣扎后，张芹选择每天苦熬。她仍旧每天继续不情愿地工作，继续与领导产生这样或那样的冲突，问题没有得到根本的解决。这个时候，张芹突然意识到，只要工作形式不变，自己永远不可能摆脱痛苦。于是，她开始观照自己的内心，并且真实地了解自己对工作烦的根源，就在于自己的工作习惯与领导的管理风格不一致。领导为何会这样？因为他受过往管理经验的制约，而自己又为何会那样？因为自己也受过往经验的制约。领导能改变自己吗？当然不能，他有管理我的权力。我呢，因为要受制于他，丧失了某种程度的做事的自由。在厘清这一点后，张芹认识到，要解决这个冲突，自己必须改变，服从领导，虽然这会导致自己一时的不舒服，但可以解决问题。

她清醒地认识到，自己确实离不开这份工作，既然要在领导的手下工作，就要让自己从旧有的做事习惯中脱离出来。这个时候，她又认识到，旧有的那些行为模式也在束缚着自己，限制自己探索其他可能性的自由，同时，领导提出的做事方案，的确比自己的更高效。认识到这些后，她开始有意识地观察领导的行为。张芹深知，自己无法改变对方的行为模式，也无法替他剥离身上的老旧的管理模式，那只有让自己先获得自由。通过一段时间的敏锐观察，张芹了解了领导做事的思维逻辑，理解了他为什么要那样去做。此时，张芹的身份发生了变化，她从一个自由的旁观者的角度洞察了问题的本质，然后通过自己的认识调整慢慢修正了自己的行为，终于与领导在一个工作节奏上了，在工作中也获得了领导的夸赞，获得了满满的成就感和幸福感。

生活中的矛盾、冲突和纠结，都会在一定程度上消耗心灵的能量，将你拖入疲惫的泥潭中无法自拔。这时，我们就要像张芹一样主动去观照自己的内心，去观察这个痛苦，剥离对于痛苦的感受，考虑自己痛苦的根本原因是什么，通过逐一去拆解痛苦，进而消除痛苦，让自己获得幸福和快乐。

忠实于自己的人，活得不会太累

在生活中，还有一种状态也最消耗自我的心理能量，让自己经常处于疲惫之中，那就是无法忠实于自己，确切地说就是不能完全做最真实的自己，明明不情愿的事情，可为了顾及他人的感受和面子而让自己委曲求全。这种行为，极容易让自己陷入内在"交战"的状态：一方面我们热切地渴望做自己；另一方面又必须压抑这种真实的需求，以伪装的方式去做不情愿的自己。这两种状态的互相撕扯，会让我们陷入痛苦的泥潭中。

康妮本是个崇尚独立自由的女性，渴望活出属于自我的精彩。在未步入婚姻之前，她是个快乐且单纯的女孩，是一家知名企业的注册会计师，并且非常喜欢自己的工作。

可是在她28岁的时侯，意外地遇到了约翰，那个让她为之疯狂的男人，很快，她坠入爱河，与约翰结婚、生子。约翰是一名画家，当时的他有一个独立的工作室，事业刚刚起步。康妮为了支持丈夫，她辞去了工作，承担起了操持家务的责任。虽然康妮知道自己有了一个完整的家，但她内心经常处于焦灼和纠结的状态，过得并不开心。四年过去了，康妮的生活开始变得一团糟。丈夫的工作室因经营不善，濒临倒闭。因为生意上的不顺，丈夫开始酗酒，总是彻夜不归，同时对她也越发冷淡，对她在经营工作室方面提出的意见或建议开始充耳不闻。同时，三岁半的儿子越来越不听从她的管教，总是和她唱反调。因为长期不与外界接触，康妮身材臃肿、面色枯黄，每天时不时地会对着调皮的儿子和不听劝的老公大吼大叫，俨然一副"泼妇"样。

这时康妮才意识到，这根本不是她想要的生活。这几年，她彻底失去了自我，总是替别人着想，总是千方百计让老公、儿子高兴，而自己委曲求全，没有获得过真正的快乐和幸福。面对一团糟的生活，她时常感到痛苦和压抑，甚至一度患上了抑郁症。

对于康妮来说，她显然十分了解自己的价值观，那就是要做一个独立自主的女性。但是在婚后，她为了老公和孩子放弃了自己内心真正的追求。她为了家庭，辞去了工作。其间，因为她未曾忠实于自己和内在真实的需求，所以难以获得快乐。直到最终，当老公事业失败、孩子不听话，自己的外在形象也毁于一旦时，她便开始后悔自己当初的选择，陷入更大的痛苦中。

其实，很多人之所以会因为这样或那样的事纠结、痛苦，跟自己过不去，实际上都遇到了与康妮相似的经历。从心理层面去分析，康妮肯放弃自己的事业去全力照顾家庭，是因为其内心深处，总有一个声音在告诉她，如果不这么做，她将难以得到爱人约翰的认可与家庭的接纳，这是很深的无意识层面的意念，她看不到这个意念的限制以及打破它的可能性。如果深察内心，她能够看到这个意念，并且觉得这个看似牢固的意念是可以打破的，并且忠实于自己，遵从内心的想法，即"若我不回归家庭，在职场上发挥才能，老公和孩子也许会生活得更好。如果这么去做，老公和孩子会更喜欢自己"。那么，康妮的生活就不会如现在一般糟糕，她不会如此痛苦和压抑，这般与自己过不去。

那么，在现实生活中，我们该如何忠实于自己，让自己获得快乐与幸福呢？要忠实于自己，首先要真实地了解自己，了解自己内在的真实需求是什么，这是忠实于自己的前提。真正的"了解自己"就是明白自己真正想要的是什么，想拥有什么样的生活或状态，然后依自己深层次的意念去做，而不是为了外界的压力或别人的看法去委屈自己。当然，要做到这点，就需要有自我觉察力，时刻去觉察自己的行为是否符合自己内心真实的需求。

自我觉察发生的同时，也就是自我接纳的开始。就像上述事例中的康妮女士一般，当她觉察到自己内在对自己的忽视，而开始可以接受真实的自己的需求时，也就意味着她可以有一个内在空间给自己，一个人只有开始爱自己，照顾好自己，才会真正有能力去照顾别人、爱别人，否则，结果一定是痛苦的。"水满则溢、爱满则流"就是这个道理。

有了很好的自我觉察力，你就会很自然地放弃那些限制生命发展的种种不合理或负面的意识，从而不再把主要注意力放在一个"假我"的塑造上，而是能够将自己的创造力从自我压抑的状态下解放出来，让真正的自己活出来，从而获得真正的安全感和自信心，创造更为真实和美好的人生。

敢于拒绝，学会勇敢地说"不"

在生活中，还有一种状态会消耗我们内心的能量，让我们陷入痛苦，那就是不懂得拒绝，缺乏向他人说"不"的勇气。比如，你明明不想要，却因为某些原因不得不接受，这就会使你的内心陷入两种情绪的"交战"或对抗状态：内心真实的不想要与不得不接受这两种力量的撕扯，这种撕扯会消耗我们心灵的能量，让人产生痛苦，感到疲惫。同时，你不想接受，说明这件事本身对你是不利的，这也在间接地消耗你内在的能量。

居住在圣地亚哥的艾伦经常向朋友吐露自己的心声，他曾苦恼地对自己的好友说："我经常因为被人们评价性格温和而感到自豪，也为自己擅长让别人高兴而十分愉快。这是一种被别人需要的能力，不是吗？但是实际上，我越来越发现，这一特长让我力不从心。我失去了自我，变成了一个只为别人而活、无法表达自我需求的'可怜虫'；我清醒地意识到必须争取自己的空间，可总是说不出口，也不能果断地付诸行动！比如，下周一位朋友因为旅游经过我这儿，向我提出要住在我家里，我家的空间很是狭小，只够我与妻子和孩子居住，但我们曾经是很要好的朋友，我真的无法回绝他。如果答应他的请求，妻子一定会因此与我吵架，我陷入了极为矛盾的状态……这个问题已经困扰我两天了，最后我还是答应了朋友，接下来我又陷入痛苦，因为根本不知道该如何跟我妻子说这件事……"

很显然，这是一个十分普遍的问题，并非艾伦独有的烦恼。人们在现实中总会在某些时刻无法拒绝别人的要求——尽管明知这种要求是不合理的，也是自己不想满足的，但仍然会不由自主地答应下来，然后成为一台被负面意识支配的机器。在生活和工作中都是如此，我们不好意思拒绝别人，生怕破坏了双方的关系，或者惴惴不安于以下情景："如果拒绝他，会不会对自己不利？""不管怎么样，我必须答应他。""拒绝的代价是我不想承受的。""我不想让他们对我失望。"于是，你的自由意志被破坏了，情感能力也慢慢丧失，进而将自己拖入痛苦的深渊，因为你内在处于两种力量的撕扯状态，丝毫感受不到生活的满足感和快乐感。

对于无法勇敢说"不"的人，一名心理学家曾指出："这大多是由个别群体的内向思维导致的一种行为现象，他们在工作中不敢当面表达观点、索取合法利益，不敢成为工作的支配者，尽管内心十分渴望；他们在社交领域的表现更为明显，害怕被拒绝，充满了随时会被拒绝的焦虑感；他们强烈地认为任何关系都可能因为一次很小的冲突就中断。所以，他们在工作中束手束脚，无法表现自我；他们在社交中人为制造紧张感，将自己束缚在一个很小的角落中，反而伤害了自己。"这就像艾伦的表现一样，他也许拥有灰色的过去和不尽如人意的生活经验，于是，他选择成为一名绝不冒险的"好好先生"，毫无原则地答应别人的要求，使自己的世界成为容纳他人意志的舞台。

但是，让自己变得"好意思"起来，结果真的就会很"糟糕"吗？事实上，这不但不会给自己的生活带来麻烦，反而会"柳暗花明又一村"，充分释放自己的人生潜能。要知道，只有停止内心的纠结、痛苦，平复自己的情绪，让自己时刻保持理智，才能释放自己的潜能。所以，在生活中，遇到自己不情愿的事，不要委屈自己，要学会勇敢地说"不"，用拒绝的方式来为自己创造一个良性的环境。当然，懂得勇敢地说"不"，也是需要方式和方法的。那么，在现实生活中，有哪些高情商的说"不"的方式呢？

1. 将拒绝的话装在"幽默"的瓶子中

《人间失格》的作者太宰治说："我的不幸，恰恰在于我缺乏拒绝的能力。我害怕一旦拒绝别人，便会在彼此心中留下永远无法愈合的裂痕。"生活中，我们难免会遇到不好正面拒绝的时刻，你可以尝试运用幽默的方式。比如，某公司的代表故作轻松地说："如果贵公司坚持这个进价，请为我们准备过冬的衣服和食物，总不忍心让员工饿着肚子瑟瑟发抖地为你们干活吧！"这种方式，既缓解了因拒绝而给彼此带来的伤害，又达到了拒绝的目的。

2. 提前将话说"绝"，巧拒他人不伤感情

有时候，我们在拒绝时，最好事先能大致猜出对方的请求，

在等对方还未开口时，先巧妙地用话将对方的"嘴巴"堵住。这就要求我们有极深的洞察力，能事先了解到对方有求于我们的具体事情。同时，在说话的时候，还要让对方觉得我们完全不知道对方有求于我们，从而在不伤及彼此感情的基础上，让对方知难而退。

03 高情商者，懂得与自己和谐相处
——专注自我，任何事情都难以掌控你

高情商者都懂得与自己和谐相处。与自己和谐相处的秘诀就是"专注自我"，即关注自己内心的所思、所想，全然地按照自己的理念或想法去做自己想做的事情，这样才能屏蔽外界的一切干扰，不为他人的意念所左右，更不会因为他人的无理而置自己于烦恼之中，也不会在鸡毛蒜皮的事情上纠缠不清，才能全身心地在自我的世界里做自己，与自己和谐相处。专注自我，其实就是做本色的自己。一个本色的人就是绝不做违反个人原则的事，让自己的内心和行动保持最大限度的一致。

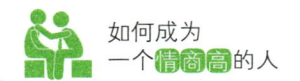

高情商者留心别人，更关注自己

生活中，我们可能会有这样的体验：感到压力很大，内心极其疲惫，于是便渴望放下一切，通过旅行去释放内在的不快和郁闷。同时又想重新选择一份自己喜欢的职业，或者想舍弃当下拥有的，去学习一直想学而没机会学的舞蹈或乐器等。你将你的想法告诉周围的朋友，朋友会说："那你去呀，去做你想做的事情呀！"而这时你又打了退堂鼓，心中开始不断地盘算着：自己苦心经营起来的事业该怎么办？家庭又该怎么办？已经得到的名与利该如何舍弃呢？难道统统都要放下吗？在无尽的纠结中，你的心灵便也被牢牢地制约住了。各种思想开始在脑海中翻腾，内心也在挣扎中更为疲惫和劳累。其实，你这些所谓的"累"，是因为你对外界太过关注而产生的。高情商者，会理性地看待外界的这些力量，会更多地将自己的专注力从外转向内，会更关注自己的内心。能在纷杂的外部力量挑衅下，将精力收回到自己手中，与自己和谐相处。也就是在人际关系中，面对他人的非议、嘲讽或不同见解，高情商者也只会关注自己内在的声音，丝毫不会受外界其他人的影响。

苹果公司灵魂人物乔布斯在刚出生时即被母亲抛弃，被一对蓝领夫妇收养。在他很小的时候便知道自己是被人丢弃的孩子，并在那时就偏执地认为母亲之所以狠心抛弃他，是因为觉得他的出生本身就是一个天大的错误。于是，自卑、孤僻的性情便在他心中开始发芽。为此，他想尽办法搞恶作剧，上课从不听讲，从不完成作业，顶撞老师，总是被赶出教室；他性格孤僻，没有朋友，经常被人看作"怪物"。面对外界对他人格的种种质疑，乔布斯丝毫不放在心上，只是专注于自己的内心，专注于自己感兴趣的事情。

乔布斯的一位朋友曾这样评价他：他只要对一样东西感兴趣，就会把这种兴趣发挥到非理性的极致状态，并且他要从这里面获得乐趣。其实，乔布斯的一个过人之处便是知道如何做到专注。"决定不做什么跟决定做什么同样重要。"一位同事曾这样评价工作中的乔布斯："当他不想被一件事情分散注意力的时候，他会完全忽略它，就好像此事完全不存在一样。"

显然，外界曾对乔布斯有着极为苛刻的评价，但他毫不在意，只专注于自己内在的兴趣点上，最终获得了成功，赢得了人们的赞赏。他只活在自己的世界中，只关注自己的内心。面对工作是如此，面对生活亦是如此，他是一个不会轻易被生活中的鸡零狗碎而影响的人。

其实，人是具有极强的社会属性的，人自从落地的那一刻，便通过啼哭来与社会建立联系，这也是人对世界的回应。随后，在成长的每一天，无不以好奇心来探索和认识这个社会。因为好奇，我们一直在关注着身边的世界。我们想了解某项事物，就去学习相关的知识。我们想结交某人，就会去探究其性格。我们想拥有某些东西，就会去努力奋斗。看似我们在满足自己，实际上，我们更多的是被外在的力量牵着走。

在日常生活中，你是否也有过这样的经历？夜很深了，你的心中总是缠绕着无尽的忧虑，似乎全世界的重担都压在了你的肩膀上：如何才能赚更多的钱？怎样才能得到一份薪水更高的工作？如何才能拥有属于自己的一套住房？如何才能获得上司的信任与好感？如何做才能搞好与同事之间的关系？……你脑海中有一串串的烦恼、难题与亟待要做的事在那里翻涌！当你开始意识到，真该休息了，不然明天又该迟到，这个月的奖金又没了……开始有意识地控制自己，但是最终这一串串的思绪还是东飘西荡地翻滚：明天的粮食会不会涨价？明天上班该穿哪一件衣服？你这一夜仿佛真的无法入睡了！

这时的你，要学着与内心挣扎着的自己和解，对心底的自己说："不要怕，一切由它去吧。""一切都会好起来的！"将此类的话对自己说上几遍，每说一次就做一次深呼吸，然后放松全身！对自己说的同时，心里也要这样想，将心中的恐惧、烦恼、仇恨、不安全感、内疚、悔恨与罪恶感腾空，这样才能获得内心的平静。心灵上获得了平静，也就意味着你体会到了生命的真谛。

专注自我，别让你的能量被外界分散掉

将全身所有的能量集中于一个点上，才能发挥强大的威力将对手击倒，这是中国功夫的精髓所在。同样地，要想在一件事情上获得成功，也需要你能集中能量。而生活中，多数人情商低，是因为其内在的力量太过涣散造成的，这也是导致他们劳累、疲惫、痛苦、烦恼与不快的主要原因。比如，你是否总是很在意别人对你的评价？你会不会因为别人一句无心的话而打乱自己的生活节奏？你是不是很容易受外在环境的影响，如工作、居住和生活环境等？你满怀欣喜地穿着一件漂亮的衣服上班，但刚走进办公室，便听到有同事说，这衣服跟你的气质或肤色毫不相搭，于是你开始郁闷至极，整整一天，你都无法打起精神工作，并且越来越觉得自己因为穿错了衣服而变成了小丑。

这其实并不是你所希望的结果，但我们会轻易因为他人的一些言论而改变自己内在的精神状态，分散自己的精力，置自己于做事不在状态的情况，这种情况还常常出现在工作中。当你面对一脸严肃的老板时，自己不知不觉间便会觉得压力倍增，

本想要说的话，出口便变得结结巴巴，因为你看到对方皱起的眉头会担心：我的工作是不是出了什么大问题？我刚才是不是说错什么话了？

有些时候，你很想好好地开展一项工作，却又担心同事会用异样的眼光看你。或是在做某件事情之前，你总是左顾右盼，担心不合老板的心意。最后，不仅没有将工作做好，还让自己整天生活在极为压抑的状态中。

卢珊是一名都市白领，在与丈夫结婚后，用积累了几年的工资买了一套二居室的房子。房子是他们精挑细选后定下来的，两人住进去后感觉十分舒适而且方便，心中开心极了，那段时间，卢珊的脸上总是挂着幸福的微笑。

但是没过多久，卢珊的一位朋友也买了一套房。装修好后，朋友打电话让卢珊到家里参观。朋友的房子地段好，而且房子面积还很大，里面的装修也很高档。卢珊从朋友家里回来后，脸上再也没有笑容了。她原本的好心情已经被朋友的"更好"的房子给冲击掉了。

当你的思想或情绪受外界所影响时，说明你内在力量处于较为涣散的状态，你内在的定力不够。就像卢珊一样，她本来沉浸于自己的小幸福中，但是看到朋友有比自己更好的房子后，心中所有的快乐和幸福便消失了。如果她只专注于内在的话，她会想，房子是自己付出了诸多的艰辛换来的，它是自己努力的见证，对自己有着特殊的意义，跟任何的房子都不同，那么，她也就不会因为别人的言行或"更好的房子"而郁闷了！也就是说，当外界对你施加影响的时候，你要懂得去审视自己的内在，而不是被别人牵着鼻子走。比如，你刚到一家新公司，发现部门的同事工作起来都不那么认真，而你想好好地干，并且很想受到领导的重视。于是，面对工作难题，你总是能冲在最前面；在会议上，你也总能够积极发言，对工作提出有价值的意见。这时，你的同事可能会说："新来的'菜鸟'，拼命地在领导面前表现，难道是想尽快地爬到我们头上去！"这种风凉话一出口，如果你是个内在定力不足的人，那么你可能就无法专注于工作了。而内心强大者，不会受这些外在议论的影响，他们还是会把精力全部放在工作中，毕竟这是自己未来得以生存和发展的基础。要知道，为公司或企业创造价值，是一个员工得以立足的根本。

你可能会说："完全不顾及外在的声音而专注于内在的自己，真的很难做到。毕竟那些声音总是出现在耳边。"但是你需要知道，改变自己，是需要毅力和勇气的，如果你可以坚持下去，那么你的内在将会变得异常强大，最终你也会变成真正独立的、全新的自己，你完全可以自由支配自己的意愿，跟随自己内心的真实想法做到"知行合一"。否则，你可能在别人的"眼光"中沦为平庸者，或者一败涂地。就像赛跑一样，如果总是关注其他队员的情况，你是极难获胜的，只有沉浸在自己所营造的"氛围"中，注意平衡节奏，才有可能冲在最前头。

如何成为
一个情商高的人

精力达人，都会主动避免坏情绪的干扰

生活中，那些身上挂着所谓的"精力达人""高效精英""工作红旗手"之类的隐形牌匾的人，都是具有良好情绪掌握力的。他们的高情商主要是因为他们只活在自己的世界里，只专注于自我，不会将自己的精力浪费在无关紧要的事情上面，在任何情况下，都会主动地避免干扰，以百倍的专注力去完成既定的工作。

在工作的五六年时间里，刘寅在单位被人称为"精力收纳狂"。在他离开第一家公司时，老板曾对他三度挽留；与第二家公司分道扬镳后，经理用三个人填补他原先的岗位空缺；在当下的单位中，他也被同事称为"高效达人"。

除顺利地完成当天的工作任务外，刘寅都会保证自己每周阅读3~4本书；大部分工作日下班后就直接奔菜市场买菜回家做饭；他想健身，因为没时间去健身房，所以就在家里置办了跑步机、健腹机等健身器材，可以抽出更多的时间来锻炼。尽管每天都会加班，但是他还是会抽出时间去博物馆当志愿者。很多同事

曾问他精力为何总能分配得那么好，刘寅说："在任何时候都别让无所谓的事情去分散你的注意力，耗费你的精力。"具体来说，他会把购物网页设置成受限站点，上班时间不网购；在做需要注意力高度集中的重要任务时，会把手机调成飞行模式；路过茶水间的妈妈帮、相亲团聚众闲聊时，不会久留；业余时间做自己喜欢做的事，累积的正能量是他度过一切苦厄的底气。

事实上，能成大事的高情商者，都是不轻易浪费和耗费精力的人，他们能合理地分配时间，有极高的情商，能很好地控制自己的情绪，不会因为情绪问题而置自己于焦虑、忧虑、担忧和痛苦中，他们只将专注力放于"当下"。

真正重要的从来不是努力做什么，而是沉下心来，避免干扰，去做好一件事。要知道，一个人一生的时间和精力都是有限的，专注，有时候比努力重要 100 倍。

生活中，我们总是感慨他人所取得的成就、头衔、名目，而一心想要追逐，幻想着有朝一日也如他般耀眼夺目。其实，鱼与熊掌不可兼得。你想要的越多，失去越多。一辈子能做的事本身就不多，我们千万不要因为情绪问题而干扰自己的精力。

其实，那些不凡者，之所以能够成就大事业，主要就是依靠一种乐观且稳定的情绪定力。

企业家 A 说："企业实力弱，创业者经验不足，不能很好地处理一些困难，这个时候如果创业者的情绪不够稳定，就容易影响军心。"

企业家B说:"想想这十几年以来,我自己生命当中,经常说的就是认准了就去做,不跟风,不动摇,同时对自己要有清晰的判断,一个人应该做自己最擅长的事情,也要做自己最喜欢的事情,这样的话,做成的概率会很大。"

企业家C在谈到自己成功的经验时不无感慨地说:"其实,我并不是一个天生的成功者,许多人比我更聪明、更有才华。我唯一比他们强的只不过是我更容易控制自己的情绪罢了。我很冷静,从不为那些情绪化的事情浪费时间和精力——我的意思是说,我享受不起那种感伤。"

企业家D说:"碰到低谷的时候,其实最重要的是考验自己的信念。坚持住了,你就成功了。"

"坚持""稳定情绪""认准就去做"等,这些都是高情商的重要体现,正是这些品质和精神造就了他们不凡的人生。

个人能否取得巨大的成就,其中一个最为重要的因素就是能否保持镇定、集中精神,让大脑时刻处于井然有序的状态,即便是面临再大的危机也是如此,其实这就是所谓的"情商"。

从小处来说,这种精神状态可以使你最大限度地释放能力,帮助你解决眼前的困难和问题;从大处来说,良好且稳定的精神状态能帮你找到人生轨迹,使你全身心地专注于事业。所以,如果你想成为一个出色的人,就要学会合理地掌控自己的情绪,避免不必要的干扰。

别因为他人的看法，而捆绑了自己的手脚

今年刚从一家名牌大学毕业的张涵在一家电视台做实习编辑。她的目标就是顺利地通过实习，然后成为这家电视台的正式员工。在接下来的三个月时间里，她每天都表现出很努力的样子。每当上司交给她一个任务，她都会绞尽脑汁去完成，但结果总是差强人意。

一次，上司交给她一项任务，要求她去完成。她经过苦苦思索后，完全按自己的想法做出了一个自认为还不错的方案交了上去。

可是上司对此方案不满意，便对她说："想法不错，但执行成本太高""这个地方，这种错误不该犯的"……一番痛批后，便要求张涵继续改良。对于张涵来说，领导的批评已经使她对这个方案继续投入的激情减了一大半。接下来，她在修改方案的时候，总会不时地想，上司会不会觉得我特别笨啊？到实习结束的时候，大概是不会让我留下了！我是不是真的不适合做这份工作？……她的脑海中已经完全被恐惧侵占，已经没有心情去全身心地研究工作了。

随后，张涵按照上司的意见，对方案进行了第二次修改，与往常一样，上司又指出了其中的一些错误并给她提了一些意见。这时，张涵对这项工作已经完全没了激情，她只是默默地记下了上司的意见，并一板一眼地予以修改。第三次，上司终于勉强接受了她的方案。

就这样，这个方案经过接二连三的修改之后，已经距张涵当初的设想相去甚远了。更让张涵担心的是，自己即便已经依照上司的要求一步步地修改完了，上司却勉强地接受，自己的工作能力完全没得到上司的肯定。如此下去，自己要顺利通过实习期的愿望岂不是要泡汤了？近来的她，几乎每天都在惶恐不安中度过，生怕再做错事。

对于张涵来说，她费尽心思，还是没能获得上司的肯定，为此她纠结不已。从心理学角度分析，出现如此糟糕的结果，是因为她内在的情绪定力不够，没将自己的主要精力放在工作上面，而总是猜测上司对自己的看法。在修改此方案的过程中，她为了迎合上司，一步步地放弃了自己原来的想法，不断地猜测上司想要的结果。甚至为了不让上司再对自己失望，她一板一眼地按照上司交代的步骤去做，最终她也只是交出了一份差强人意的答卷。实际上，张涵完全可以按照自己的想法，并结合上司给出的意见，进行创新，超常发挥，那样一定会得到不一样的结果。对于张涵来说，与其说她是因上司的挑剔而心烦意乱，不如说她是为内心的恐惧所折磨。

其实，生活中很多人表现出的低情商行为皆源于对他人看法的太过"在意",他们因为内心缺少自信,没有将目光锁定在目标上,没将心思用在正题上,整日被担忧、患得患失等念头空耗精力。

其实,无论遇到什么事,你若能让自己全身心地沉浸于事情本身,感受到其中的乐趣才是最为重要的。别人的评价只是一种外因,这种外因如果是好的,可以帮助你更好地完成事情,如果是无关痛痒的评头论足,于改进无益,那你大可以将其忽视。

大学毕业便进入一家广告公司的晓慧,担任公司的行政助理。虽然她的学历并不高,但是她对工作充满了热情,做事特别有干劲,深受大家的喜爱。而公司的市场部经理就是一个重能力而轻学历的人,他看到了晓慧身上的闯劲,于是就大胆地将晓慧调到销售部门,并让她负责一个区域的销售工作。

为此,市场部经理经常与晓慧在一起谈工作,两个人在一起的时间多了,便经常一起出差,一起吃饭,久而久之,办公室就传出了他们关系暧昧的流言。随后,这件事情就成为其他同事茶余饭后的谈资。看到同事们都在用异样的眼光看自己,晓慧十分难过。晓慧感受到了莫大的委屈。但是她又坚信:是非止于智者,清者自清,浊者自浊,时间会证明一切。在那一段时间里,晓慧仍旧埋头努力工作,将精力都用在了工作上。几周后,流言终究经不起推敲,也就没人再提及此事了。

一段时间后,有人打电话告诉晓慧传播她谣言的"真凶",而晓慧说:"这件事情已经过去了,不要再提了。"经过努力,晓慧很快成为销售部的精英,不久便又升了职。

晓慧无疑是聪明的，面对流言蜚语，她只是淡然视之，仍旧埋头做好自己的事，最终流言便不攻自破。如果晓慧得知传播她谣言的"真凶"后，大发脾气，与其大吵大闹，事情可能就会越描越黑，还会影响到工作，从而阻碍她的个人升迁之路。

如果你因为太过在意别人对你的评价或者看法而产生恐惧或忧愁甚至痛苦，不妨就先停下手中的工作，问一问自己："你做此事的目的是什么？你工作是为了解决问题，还是为了受到周围无关紧要的人的表扬呢？"确认完毕，就按着你所认为的正确的"路线"走下去，不必在意他人的看法，随着时间的推移，你的能力就会得到凸显，你的出色表现会让所有的流言和对你怀有恶意的人哑口无言。要知道，关注事情本身，要比在无关紧要的事情上面空耗精力更有趣、更有意义。

高情商者，都尽力避免在小事上耗费精力

很多人在面对生活中的大风大浪时会表现得毫不气馁，但却经常因为生活中的一些小事而陷入郁闷的状态中。生活中，我们经常会因为工作中的小事而陷入情绪失控的低情商行为中。身为公司部门主管的张女士也发觉了这一点：她手下的人能够毫无怨言地从事危险而又艰苦的工作，"可是，我知道，有好几个宿舍的人彼此间都不怎么说话，因为怀疑别人把东西乱放，占了自己的地方。有一个讲究空腹进食细嚼健康法的家伙，每口食物都要咀嚼 28 次。而另一人一定要找一个看不见这家伙的位子坐着才吃得下去饭"。从心理学的角度来说，我们容易在小事上纠缠不清是因为我们没能将过多的专注力放在重大的事情上面，人生的格局不够大。

两千多年前，雅典的政治家伯里克利就曾经留给人类一句忠言："请注意啊，我们已经将太多的精力纠缠于一些小事情了！"《卡耐基的成功之道》一书中有这样一段话："这些话，曾经帮助我经历了很多痛苦的事情。我们常常因一点小事，一些本该不

如何成为
一个**情商高**的人

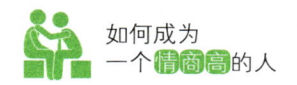

屑一顾的小事，弄得心烦意乱……我们生活在这个世界上只有短短的几十年，而我们浪费了很多不可能再补回来的时间，去为那些一年半载之内就会忘掉的小事发愁。我们应该把我们的时间用于有意义的行动和感觉上，让我们的思想变得伟大，去体会那些真正的感情。因为生命太短促了，不该只顾及那些无聊的小事。"的确，生活是由一系列的小事组成的，但如果我们过多地拘泥、计较这些小事，那我们的人生也没什么意义和乐趣可言了，我们触目所及的必然都是烦恼、痛苦、矛盾与冲突。

一位作家，平时在家里写作的时候，经常被邻居家里小孩的吵闹声烦得要发疯，他每天都很不高兴，有时甚至想站在窗口对着邻居家的窗户破口大骂，但他最终忍住了。

有一天，他和几个朋友出去露营，在帐篷中小憩的他，时不时能听到外边小孩的嬉戏声，他觉得那声音简直美妙极了，可是，这声音和邻居家小孩的声音不是一样的吗？为何自己会喜欢这个声音而讨厌那个声音呢？回来后他告诫自己：在大自然中嬉戏的小孩的声音很好听，邻居家小孩的声音也差不多。我完全可以全身心地投入我的创作中，不去理会这些噪声。结果，头几天他还注意邻居家里传来的声音，可不久他就完全将它忘了。

很多小忧虑也是如此。我们不喜欢一些小事，结果弄得整个人很沮丧。其实，我们都夸大了那些小事的重要性……正如狄士雷里所说："生命太短促了，不要再顾虑小事了。"

哈瑞·爱默生·福斯狄克讲过这样一个故事："在科罗拉多

州长山的山坡上，躺着一棵大树的残躯。自然科学家发现，它已经有400多年的历史了。在它漫长的生命历程中，曾被闪电击中过14次，曾被无数的狂风暴雨侵袭过，但它最终都挺过来了。但在最后，小队甲虫的攻击使它永远地倒在地上。那些甲虫从根部向里咬，渐渐地伤了它的元气。虽然它们很小，但发出的是持续不断的攻击。这样一棵森林中的巨树，岁月不曾使它枯萎，闪电不曾将它击倒，狂风暴雨不曾将它动摇，却被一小队用大拇指和食指就能捏死的小甲虫弄倒了。"

我们人类不正像森林中那棵身经百战的大树一样吗？我们也曾经历生命中无数狂风暴雨的袭击，也都撑过来了，可是却让忧虑这个小甲虫噬咬——那些用大拇指和食指就可以捏死的小甲虫。

实际上，有许多的小事别人并没有在意，只是你自己过于敏感罢了。所以，当你在为一些小事忧虑时，建议你暂时把注意力从那些小事上转移一下，往快乐的方面想一想，保证你心情舒畅，无忧无虑。忙碌起来吧，我们的大脑不能让忧虑有空子可钻；大度点吧，否则忧虑这只小甲虫就有机可乘了。

如何成为
一个情商高的人

高情商者必有一个强大的"核心自我"

每个人可能都有过这样的体验：别人一句挑衅的话，能让你火冒三丈，恨不得立即冲上去揍对方一顿；上司的一句不经意的批评能让你情绪低沉；他人的讽刺、嘲笑、挖苦会让你怒火中烧，想报复对方……你为此感到不快，皆因为你的"核心自我"意识太弱。正如心理学家武志红所说："一个人核心自我诞生之前，你像是环境的响应物。譬如，你对别人的评价超在意，似乎别人的评价定义了你是谁，你会极力地调整自己，以争取做到该环境内的最好。这种时候，你是没有自由度的，别人的评价，会极大地左右着你。一旦你的核心自我诞生了，环境的变化，还会激发你的反应，但不能再动摇你的根基。由此，你有了从环境中跳出来观察的能力与从容。虽然我们总是强调锤炼，但必须说，核心自我的形成，总是取决于一个人与周围关系的质量。若有一个温暖且能良性互动的稳定关系，你会感觉到，心灵在迅速地成长。突然有一天，你会发现，自己不再为外在环境中的苛刻评价所左右，那就意味着，你终于有了自我。"同时，心理学家科胡特也有一段话极好地描绘了"核心自我":"在情绪的惊涛骇浪中,有一个核心自我稳稳地站在那里。它会摇晃,摇晃是一种呼应,但只摇晃,根基不被动摇。"可见,一个人的"核心自我"就是一个人情绪稳定的根基,一个高情商者必定有一个强大的"自我",也极难被周围的环境以及他人的看法"控制"。而核心自我较弱的人,很容易因为他人的不当行为而被负面情绪缠绕。

洛克菲勒因经济纠纷与人对簿公堂,在开庭时,对方的律师看起来是个极富修养的人,洛克菲勒对本次的官司本不抱有什么信心。

在法庭上,对方的律师拿出一封信问洛克菲勒:"先生,请你告诉我是否收到了我寄给你的信呢?另外,你为什么没有回信呢?"

"我收到了,但没有回!"洛克菲勒十分果断干脆地回答道。

于是,律师又拿出二十多封信,并且以同样的方式一一向他询问,而洛克菲勒都以相同的表情,一一给予其相同的回答。

律师见洛克菲勒如此镇定,终于按捺不住内心的狂躁,顿时愤怒至极、暴跳如雷,并不断地咒骂,完全失去了一名律师应有的风度!

最后,法庭宣布洛克菲勒先生胜诉!原因很简单,因为对方的律师在法庭上乱了阵脚,让自己失去了判断力。洛克菲勒就是利用这一点,不断地用言语去攻击他的"软肋",使对方律师将对方的目的及其打官司的手段等细节全部暴露了出来,最终赢得了官司。

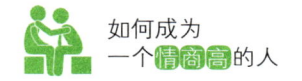

从心理学的角度分析，这位律师之所以在法庭上自乱阵脚，是因为其内在的"核心意识"不够强大。他对"自我"缺乏必要的自信力，所以，周围人的言行很容易影响到他的情绪。那么，在现实生活中，我们该如何建立稳健的自我核心意识，提升自我情商呢？

实际上，核心自我的建立，最初必须建立在"我是好的"的感觉之上。正如心理学家武志红所说："这种'我是好的'的自恋感，是一种凝聚力，可以将关于自我的各种信息凝聚在一起。可以说，这种自恋是一种向心力。此外，基本的控制感极为重要，我们只会将自己能掌控的信息，和自我粘在一起。如不能掌控，我们倾向于切割和分离。一旦'我是好的'这种感觉攒得够多，核心自我得以建立以后，我们就有了这种感觉：形势无论怎么发展，我都相信自己能掌控局势。此后，自我就可以比较轻松地扩展。"可见，生活中，绝对不能接受批评，情绪很容易受周围人左右的人，是因为"我是好的"的这种"基本自恋"都未形成，所以，一点点"我是不好的"的信息就可以让他的自我破碎。同时，"核心自我"的形成，与早年的家庭教育密切相关。"核心自我"的养育，其实就是父母允许孩子做自己，允许孩子的能量以他自己的方式表达出来。这样，其内在就有非常牢靠的一个内核。相反，如果父母要求孩子听话，那么孩子就不可能有这样一个内核在，核心自我也就根本不可能建立。既然父母的话决定着你是谁，那么自然，你在长大后也会特别在意别人的话，所以别人的话就会如同惊涛骇浪一般，可以引起你极大的反应。

听从自己内心的声音，
别让他人左右你的选择

生活中，你可能会遇到这样的情况，自己决定要去做某件事情，可是，周围的人对你的选择有不同的观点，每个人都说得头头是道，让你心烦意乱。而高情商者深知，这个世界上最不缺的就是闲着没事爱对他人评头论足的"闲人"。每个人所处的环境不同，看问题的角度也不尽相同，所以他给你的意见或建议，都是带有功利性或者片面性的。高情商者在做选择时，面对周围人的声音，不会一味地听从他人的评论，而是会听从自己内心的声音，保持足够的清醒与理智，从而做出正确的判断。

参加完高考的苏珊，最近因为报考专业伤透了脑筋。本来，以她的分数，可以轻松地进一所当地的知名大学，但是在填报专业时，她纠结了。父母及周围的亲戚、朋友都建议她报经济学，理由是将来可以在当地的金融系统找一份好工作。而苏珊本人从高中时就对生物学极为迷恋，她自己想报考生物学，可这遭到了周围人的强烈反对，理由是生物学将来毕业后太难就业。在接下来半个多月的时间里，她都在为该报考经济学还是生物学而纠结……

为了让苏珊"听话"，父母更是请来了在金融系统工作的颇有名望的舅舅，劝她立即填报"经济学"。几天时间里，舅舅一直在对她进行"洗脑"，并从现实角度出发，帮她分析了当下大学毕业生就业的艰难处境，又为她描绘了学经济学后的美好前景，这让苏珊有点动心。随后，家里的众多亲戚和朋友都过来劝说苏珊，一周后，苏珊彻底改变了主意，屈从了父母的意见。

可是，学经济学后，苏珊变得很不快乐。枯燥的经济学定律激发不出她学习的任何兴趣，烦琐的经济学数据更是让她头疼不已。她很努力，学得也很辛苦，但丝毫没有任何成效，大一刚结束，她就因为多门课程不及格而被学校通知重修一年……

苏珊的经历正是自我意识被操控的过程。生活中，很多人有过如苏珊一般的经历，父母、周围的亲戚以及同学等人总是打着"为你好""我们不会害你的""我们最爱你"的旗号让你放下你的本意选择，屈从于他们的意志。你一旦听命，你的内心便开始陷入莫大的冲突之中，在"自我本意"与"他人选择"之间来回摇摆，产生极大的焦虑感和忧愁。

张萌是一家外国语学院的教师，有一个可爱的儿子和一个幸福的家庭。在她一切都稳定的时候，她选择离开，远赴美国留学，身边的所有人都不理解她的做法，父母劝她要以家庭为重，身边的同事在猜测她是否与学校领导产生了矛盾……一时间唏嘘声铺天盖地，但张萌始终以微笑面对，坚决依着自己的想法去了美国留学。

几年后学成归国，她成立了自己的工作室，做起了跨国文化交流工作。如今的她，不仅事业做得出色，人也精神了许多，而且家庭依然很是幸福。

拥有判断力，是高情商的一个重要特征，所以在任何时候，拥有判断力的人都能保持头脑冷静，遇到问题，不要着急，而是积极思考。这样的人有主见、有追求，总是能在取与舍之间智慧地游走，他们始终知道自己要做什么，这些都源于他们对自我的清醒审视，并时刻懂得与内在的自己和解。

关于人生的选择，一位功成名就的企业家在自己的退休感言中这样写道："很多人在做选择的时候，总是会受他人影响，亲戚的意见、朋友的意见、同事的意见……问题是，你究竟是要过谁的一生？人的一生不是父母一生的续集，也不是儿女一生的前传，更不是朋友一生的外篇，只有你自己对自己的一生负责，别人无法也负不起这个责任……"的确，无论何时何地都忠于自己的内心，遵从自己最本真的意愿，这才是对自我人生最大的负责。当你在做选择时，当别人在你身边喋喋不休，想将他们的"意愿"通过"洗脑"的方式植入你的意识中时，你应该果断清理掉它们。因为很多时候，它们是潜伏在你大脑中的"敌人"，会对你的人生起到误导作用。同时，在做选择的时候，我们也无须太过于计较那些所谓的"薪水报酬""面子""他人的意见""荣耀"等，而是应该遵从自己的本心，选择那些最适合自己发展的人生方向或职业，那样你的人生将会是充满快乐和幸福的，而且也是成功的！

摆脱"假自我",活出"真自我"

生活中,有一种低情商行为:他们是高姿态者,总希望自己能够成为人群的中心,希望每个朋友都能够时时关注他。这其实是内在的虚荣心在作怪。心理学上有一个著名的论调,一个人炫耀什么,说明他内心缺少什么。从心理学的角度来说,一个高调者是因为内在的"假自我"在作怪。心理学家武志红指出:"'自我'有两种,真自我和假自我。有真自我的人,其心理与行为都是从自己的感觉出发;而假自我者,他的一切都围绕着别人的评价而构建。有真自我的人,他知道自己要什么,并且即便自己没要到,其仍然有一种内在的自我价值感;而有假自我的人,无论他的欲望看起来有多么强,其实根本不清楚自己要什么。他要的,是别人要的,只是他希望自己要得更多更好。若实现了,他就觉得自己有高价值感;若不能实现,他的自我价值感就崩塌了。生活中,一些爱面子的人,一些高姿态者的心理行为,都不是从自己的感觉出发去做事的。相反,他们要大家都要的,并且期待自己要到最好的。"所以,从根本上讲,虚荣心强、高调、爱面子的人,其内在的"自我价值感"是极低的,他们的自我价值感更多地建立在周围人对他的认可上面,所以他们的情绪很容易受到周围人对他的评价的影响。实际上，生活中那些活得快乐和幸福的人，都是有"真自我"者，他们有极强的自我价值感，时时都能保持真自我，行为与习惯都从自己的感觉出发。所以，他们能时刻呈现在自我的欢乐里。

张薇从一所著名的传媒学院毕业，走入社会后，她没有像其他同学那样四处奔波去找工作，而是开了一家属于自己的糕点店，亲手做各种好吃的糕点以支撑店面的生意，每天都忙得不亦乐乎。几年后，她的同学有的进了电视台当起了主播，有的则进了报社，做着体面的工作。与其他同学相比，张薇的生活状态是最普通的。然而，她丝毫没有失落感，每天只是精心地做着自己的糕点，笑吟吟地面对来往的顾客。一次，她参加同学聚会，安静地听着大家说工作的事。有的人问她："你条件那么好，为何非要去卖糕点呢？而且有时候还入不敷出，苦苦经营，你不是自找苦吃吗？"而张薇则说道："做糕点是我人生最大的喜好，虽然赚不到什么钱，但我乐在其中呀！"看到张薇神采飞扬地诉说自己做糕点的心得，在场的人都不免露出惊讶的神情，甚至还有不少同学找她聊天。

张薇之所以能够活得快乐，是因为她的行为受"真自我"的驱动，时时为自己而活，她能从自己所从事的工作中体会到无比的快乐。生活中，很多人总是带着极强的功利性，希望自己在他人眼中是有地位的，为了成为他人羡慕的对象，带着极强的功利心拼命追求财富、地位，这样的人的内心是空虚的，内在的自我价值感是建立在别人的评价中的。

其实，每个人都有属于自己的精彩，都应该为自己而生活！如果你时常感到精神疲惫、内心空虚，就不妨将目光转向自己的生活，扪心自问：你工作的内容是什么？下班后，你是否会约上朋友小聚？回到家，你是否与家人共享天伦？……而且要学会从一件事情中找到生活的意义，懂得从细节中享受过程，而不是为了争"面子"而委屈自己去劳神费力。

刘欣已是一位有着4年工龄的幼儿园教师，最近，她似乎进入了职业倦怠期，逢人就抱怨自己的工作有多苦、多累、多无聊。可是直到有一天，当她工作了一天，累得瘫坐在教室的书桌前时，一个3岁多的小女孩走向前去，用小手抚摸着她，用稚嫩的声音说："老师，你一定累坏了吧！""我给你揉揉背吧！"这时，她的疲惫和劳累似乎一下子都消失了。从此之后，她开始不抱怨了，而是学着积极地关注每一个孩子的成长，她很快从自己的工作中找到了乐趣。每当与孩子们一起搭积木，看到孩子们专注的眼神，她便会觉得十分幸福。

生活是由一系列的"细节"构成的，当你真正地融入其中，并从中体味到美好时，便会觉得你的内心是充盈、丰富的，久而久之，你的心灵便能得到滋润，外界的浮华、虚荣便也打扰不到你了。

如何成为
一个情商高的人

扔掉沉重的"面具",不和别人争面子

有时候,我们表现出的低情商行为都是"死要面子"的结果:与朋友为一句话而争论不休,其实就是为了让众人承认自己是正确的;因为一点小事与爱人争吵,就是为了让对方臣服于自己;明明过得不幸福,却爱在众人面前"秀"恩爱,最终劳心劳力;明明囊中羞涩,还要装出一副富有者的样子,当对方开口向你借钱时,只能想尽各种办法推托,最终伤了和气……从心理学的角度来说,在乎面子的人,是内在的自我价值感太弱导致的,他们的一切行为都围绕着别人的评价而构建。所以,为了维持自己在别人眼中的"形象"或"价值",必定会做出违背自我内心意愿的事情,这样自然就会疲惫不堪。所以,很多时候,面子就是一副沉重的"面具",只要戴着它,就容易与人发生冲突,伤和气。

孙皓在一家公司已经做了三年的普通职员,而他的一个朋友赵磊成立了一家公司。为了庆祝一番,赵磊订了个酒店邀请过去的一帮朋友欢聚一堂。朋友们玩得很高兴,都祝福赵磊生意节节攀高。这个时候,孙皓突然说:"赵磊放心,你的单子我给你包了。"

其实孙皓明白，自己根本没有那么大能耐，可是为了面子，他还是毫不犹豫地说了出来。结果，所有人都记住了这句话，朋友们都说孙皓够义气。一瞬间，孙皓感觉自己很伟大，于是夸下了更多的海口，引得朋友们羡慕不已。

孙皓的话，让赵磊牢牢记在了心里。几天后，他去找孙皓做单子，而孙皓只不过是说说而已，并没有想到朋友会真的找他帮忙。这下孙皓慌了，因为他自己根本就没有什么把握。

可是孙皓意识到，如果这个时候拒绝，那么自己无疑会丢了大面子。于是，他不得不帮赵磊忙活起来。一个星期过去了，孙皓一个合适的单子也没有给赵磊做成，但是赵磊也并没有不高兴，只是说："看你说得那么胸有成竹，相信你能行的。现在看来，我还是找别人吧，你不要为难了。"

可是，为了保全面子，孙皓还是决定要给朋友看看自己的"能力"。不过，几次三番的失误，不仅让赵磊受到了连累，就连自己也花了不少冤枉钱。从这之后，朋友们开始感觉孙皓并不像他自己说的那样"有能耐"，于是对他产生了一丝反感。而孙皓自己自然也高兴不到哪里去，人缘差了，脾气也越来越暴躁。

正所谓"死要面子，活受罪"。孙皓正是因为"死要面子"，最终不仅让自己失了面子，还耗费了自己不必要的精力，真是自己找"罪"受。其实，与人交往，不应该互相攀比，表里不一，只说不做，为了面子而说出不诚实的话，做不靠谱的事，只会伤了和气，让自己背上沉重的精神压力。

有人考证，潇洒、明朗、自由、洒脱是从"不要面子来的"，你"要面子"就得"活受罪"：明明没有钱，但为了显示出自己活得比他人好，有能耐，就逢人摆阔气，装"款爷""富婆"，今天请吃请喝，明天吆五喝六进舞厅，面子倒是耍尽了，欠下一屁股债务后，暗地里只能吃咸萝卜；明明能力不足，但就因为撕不破朋友这一张面皮，强装君子风度，握手言欢，答应帮朋友做一些难以做到的事情，最终让自己跳进痛苦的深渊；夫妻间明明已经是同床异梦，毫无感情，家庭已成为一种摆设，但一想起面子，就装出一副相亲相爱的样子来支撑婚姻大厦，直到心力交瘁……

静下心来想想，又何必呢？人与人之间应当是平等的，彼此间只有坦诚相见，才能让友情成为一种支撑，成为一种快乐的享受。要面子其实并没有错，但是不要让面子成为自己的一种负累。认真做自己应该做的事情，不勉强自己，因为勉强本身不仅委屈了自己，也委屈了别人，最有面子的人生就是真实状态下有所收获的人生。

有位世界级的小提琴家在指导别人演奏的过程中，很少说话。每当他的学生拉完一首曲子之后，他都不多说话，只是亲自再将这首曲子演奏一遍，让学生仔细地聆听、从中学习一些拉琴技巧。

他在接收新学生时，都会事先让学习者表演一首曲子，摸清学生的底子，再分等级进行教育。

这一天，他收到了一名新学生，琴声一起，在座的每个人都听得目瞪口呆，因为这名学生表演得相当好，出神入化的琴技演奏出来的乐声犹如天籁，比他自己表演的还要好。

学生表演完后，所有人都认为小提琴家为了顾全自己的面子，一定会对这个孩子给予不好的评价，以显示自己的尊严。出人意料的是，小提琴家照例拿着琴上前，这一次他却把琴放在肩上，久久没有动。最终，他又将琴从肩上拿了下来，并深深地吸了一口气，然后满脸笑容地走下台去。这个举动令在场的所有人都感到诧异，没有人知道接下来会发生什么事情。

小提琴家只是缓缓地向大家解释道："这个孩子的演奏实在太完美了，我恐怕没有资格去指导他！起码在这首曲子上，我的表演对他可能只会是一种误导。"

这时候，大家都明白了这位小提琴家的胸襟，台下顿时响起一阵热烈的掌声，送给这名演奏得好的学生，更送给这位小提琴家。

小提琴家不顾及自己的面子，勇于接受学生更优于他的事实，最终赢得了人们的热烈掌声，在他身上也正体现出一种令人赞叹的大师的风采。他不受盛名所累，也不为人们的眼光所限制，更充分地体现出一种极为可贵的真实和谦逊品质，最终为自己赢得了更大的面子。

我们每个人都渴望得到别人的认可，但是我们不能仅仅为此而给自己套上"面子"的枷锁，让自己负重前行，并承受内心的煎熬。放下面子是一种智慧选择。放下的是面子，舍弃的是心灵重负，得到的是更为真实、自由、快乐的人生。

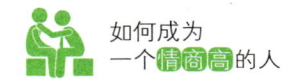

纠结源于"两难选择"：化繁为简，停止内耗

生活中，很多人的纠结源于"两难选择"：比如，你获得了两个实力相当的就业单位的青睐，要做出选择，就会纠结；你获得了两个人的追求，要从中选择一个时，你就会纠结；早晨起床，你会对着满柜的衣服不知穿哪件而犯愁……其实，当生活中有一种选择的时候，我们的内心往往是平静而快乐的，我们的情绪是稳定的，但当选择项多了起来，生活中的烦恼也就来了，而这些烦恼主要源于我们在选择时患得患失的犹豫心理。这种心理其实是对自我的一种消耗，我们也正是在这种消耗中，疲惫不堪。

森林中生活着一群猴子，每天当太阳升起时，它们会从洞中爬起来外出觅食，当太阳落山时，它们又会自觉回洞中休息，日子过得极为平静而快乐。

一名旅客在游玩的过程中，不小心将手表丢在了森林中。猴子卡卡在外出觅食的过程中捡到了。聪明的卡卡很快就搞清楚了手表的用途，于是，它就自然掌控着整个猴群的作息时间。不久后，它就凭借自己在猴群中的威信,成为猴王。

当聪明的卡卡意识到是这只手表给自己带来了机遇与好运后,每天就利用大部分的时间在森林中寻找,希望自己可以得到更多的手表。功夫不负有心人,聪明的卡卡终于又找到了第二块手表,甚至第三块。

但出乎卡卡意料的是,它得到了三块手表反而给自己带来了新的麻烦和痛苦,因为每块手表所显示的时间都不相同,卡卡无法确定哪块手表上显示的时间是正确的。猴子们也发现,每次来问及时间的时候,它总是支支吾吾回答不上来。一段时间后,卡卡在猴群中的威望也大大下降,整个猴群的作息时间也变得一塌糊涂,所有的猴子愤怒地将卡卡推下了猴王的位置……

这就是心理学上有名的"手表定律",当猴子只有一块手表的时候,它能确定时间,当出现了两块手表时,猴子卡卡的烦恼和痛苦也就来了,因为它不知道以哪一块为标准。其实,这就如我们生活中所遇到的难题,大多是因为选择太多而给人带来的烦恼。为此,要想彻底摆脱烦恼,减少内耗,就要有敢于舍弃的勇气和魄力。如果你缺乏这种勇气或者魄力,那就试着过一种简单的生活吧。当多种选择变成唯一的选择时,人也就没有那么多混乱、纠结和烦恼了,这也意味着内耗在我们体内结束了。我们的很多低情商行为皆源于选择太多。

有一个诗人,为了追求心灵的满足,他不断地从一个地方到另一个地方。他的一生都是在路上、在各种交通工具和旅馆中度过的。当然,这并不是说他没有能力为自己买一座房子,这只是他选择的生存方式。

后来,由于他年老体衰,有关部门考虑到他为文化艺术所作的贡献,就给他免费提供一所住宅,但是他拒绝了。理由是他不愿意让自己的生活有太多的"选择",他不愿意为外在的房子等物质耗费精力。就这样,这位独行的诗人,在旅馆中和路途中度过了自己的一生。

诗人死后,朋友在为其整理遗物时发现,他一生的物质财富就是一个简单的行囊,行囊里是供写作用的纸笔和简单的衣物;而在精神方面,他给世人留下了十卷极为优美的诗歌与随笔作品。

这位诗人正是勇于舍弃外在的物质享受,选择了一种简约的生活,最终才丰富了精神生活,为人类文明作出了巨大的贡献。他的人生是一种去繁就简的人生,没有太多不必要的干扰,没有太多欲望的压力,是一种快乐而又纯粹的人生。

正如尼采所说:如果你是幸运的,你必须只选择一个目标,或者选择一种道德而不要贪多,这样你会活得快乐些。正如一台电脑一样,在其系统中安装的应用软件越多,电脑运行的速度就越慢,并且在电脑运行的过程中,还会有大量的垃圾文件、错误信息不断产生,若不及时清理掉,不仅会影响电脑的运行速度,还会造成死机甚至整个系统的瘫痪。所以,必须定期地删除多余的软件,及时清理掉那些无用的垃圾文件,这样才能保证电脑的正常运行。我们要想过一种幸福而快乐的生活,就不能让自己背负太多的选择,学会去繁就简,过一种简单的生活,这样才不至于使自己在众多的选择面前无所适从。

04 高情商的本质，就是懂得延迟满足感
——以"延迟满足"方式提升情商

从心理学的角度来讲，高情商的本质，实际上就是延迟满足感能力强的表现。在生活中，一些表现常常被人们认为是低情商，比如，"我这个人说话直，你别介意"，实际上是无法延迟自己不吐不快的满足。比如，一个人在失恋的人面前强调自己的爱情多么幸福，我们可以将这称为"将自己的快乐建立在他人的痛苦上"的行为，实际上是无法延迟优越感带来的满足，他是必须当场展现出"我强你弱"的心理满足感，等等。要知道，无法延迟满足的就是即时满足，它所带来的问题是对不适感的耐受能力的下降。而对不适感的耐受力是走向成功的基石：要想拥有曼妙的身材，必须耐受美食的诱惑，必须耐受运动锻炼所带来的酸痛不适感；想要掌握一项技能，必须耐受一开始拙劣的不适感。所以，要提升你的情商，那就先去提升延迟满足的能力吧！

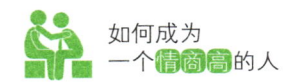

坏情绪产生的根源：
逃避"难题"带来的痛苦

不懂得延迟满足感或缺乏延迟满足的能力，是一个人坏情绪产生的心理根源，是导致一个人情商低的心理原因。我们知道，每个人的一生都是由一连串的"难题"组成的，这些难题包括生活、工作等方方面面，而人与人之间的差距主要表现在解决这些难题能力的高低。面对人生的种种难题，多数人的本能反应是：逃避！他们通过愤怒、生气、抱怨或指责他人的方式来逃避难题带给自己的不适感或痛苦感。有的人会将这些负面情绪独自吞咽下去，伤害自己的身心健康，而多数人又会将这些负面情绪宣泄在他人身上，随后又进一步激化了与他人的矛盾或冲突，进而演变出更大的痛苦或麻烦来！许多人的一生是在不断地逃避难题和不断地制造更大的"难题"这个恶性循环中过完的！

星期天，张波与一位好友闲聊时谈及了另一位叫邓强的朋友。张波说："那个家伙什么都好，就是有个毛病——脾气太过暴躁，

04 高情商的本质，就是懂得延迟满足感

爱生气。"谁知，他说这话时，邓强刚好路过听到，马上怒火中烧，立即冲进屋里，捉住张波，对其拳打脚踢，一顿暴打。

众人赶忙上前劝架说道："有什么话，好好说，为何要动手打人呢？"邓强则怒气冲冲地说道："此人在背后说我坏话，还冤枉我脾气暴躁，爱生气，所以就该打！"众人听罢，便说道："人家没有冤枉你啊，看你现在的样子，不是脾气暴躁又是什么呢？"邓强立即哑口无言，走开了。自此之后，邓强的周围再也没有什么朋友了，像他这种脾气暴躁，还不懂得悔改的人，也难怪大家都躲着他了。

现实生活中，类似邓强这样的人不在少数。他们在人际交往中遇到了"难题"：脾气暴躁、爱生气，不受朋友待见。他们的这个"难题"如果不及时解决，有可能会影响到今后的个人发展。如邓强听到朋友将自己的"难题"给指了出来，不想着以积极的方式去解决，而是将对方给暴打一顿，看似出了气，获得了即时的满足感，实际上这是在"逃避"问题。他不敢直面问题，积极地去解决这个难题，而是以"逃避"的方式让"难题"再度恶化，变成更大的"难题"，致使自己的人缘差到了极致。如果他继续逃避下去，那么他的人生面临的困境可想而知！

从根本上讲，人的坏情绪产生的根源，都是无法延迟满足感的结果，即在人生"难题"面前的无法作为或无能为力。当我们看清了问题的本质，那么，在生活中，化解个人坏情绪便有了具体的操作方法。即当"难题"来临时，我们要先承认它的存在，

从心理上接纳这个"难题"。接下来，就要以主动积极的心态去想办法或付诸行动解决掉它们。比如，上述事例中的邓强，当他听到朋友在背后议论他的"缺点"时，他应该先冷静下来反思自己是否真的有这个缺点。经过反思和自我审视后，如果觉得自己的脾气真的不好，那就应该积极去改正。如果没有这个缺点，那他大可以走进去对张波等一群朋友以打趣的方式说："看看，你们这帮人又在背后冤枉我了不是？我似乎没有发过什么脾气嘛！"如此这样，既可以化解尴尬，也可以让对方去反思自己的行为。

对此，下面事例中的小宋就做得很好。

小宋刚毕业到一家数码科技公司实习，他的上司金某是公司的业务骨干，毕业于名牌大学，专业知识过硬，所以对新来的小宋有点不放在眼里。平时，只让他干一些无关紧要的活儿，比如，打印文件、打扫会议室、给领导泡茶水等。这让小宋心里有些气愤，自己明明是来发挥才能的，却总被公司的这些琐事缠住。但是，作为新人，小宋只能先忍下这口气，他是个懂得延迟自我满足感的人。

他仔细分析了这件事的内在原因：上司之所以不给自己机会，就是因为不信任自己的能力，他不相信自己能将重要的事情做好！于是，他也有了解决之法，那就是无论上司分配给自己任何事，他都会认真对待，并竭尽全力将事情做到完美。

第二天，公司老总给金某一堆资料，要求他做一本公司宣传册。金某为此叫苦不迭，打算找家广告公司去做，小宋居然自告奋勇

04 高情商的本质，就是懂得延迟满足感

说他想试试。为了做好这本宣传册，在上司面前展现自己的才能，他熬夜到凌晨三点多钟，每个细节都精雕细琢。

第二天，小宋就把一个U盘交给金某，金某打开一看，一下子对小宋刮目相看。宣传册不仅设计得很有专业水准，而且加了一些很精辟的语句。原来，来数码公司之前，小宋在学校做过版面设计的兼职工作。终于，一个月后，小宋受到金某的重视，金某把重要的工作派发给他，让他得到了很好的锻炼。一年后，他也顺利成为公司的业务骨干之一。

面对上司金某不信任这个"难题"，很多人会用愤怒、焦虑等消极方式去应对。而小宋是直面这个"难题"。他先是接纳了这个问题是客观存在的，接下来，他仔细地分析了引起这个"难题"的原因，进而抓住机会在上司面前展示自己的才能，从根本上"解决"了这个难题，从而获得了"长久的满足感"——获得上司的重用，成为公司的骨干！

所以，在生活中，要从根本上化解你的负面情绪，就要像小宋那样懂得延迟自我满足感，去直面问题，然后想办法投入精力去解决问题。这个过程最难的就是"直面问题"，我们要意识到眼前的"难题"是生命的一个过程，把它当成一种心理上的磨炼，通过直面它们来锻炼自身的意志力，从而使自己的心灵力量得以强化，使你的心智得以成熟，使你应对困难的能力得到增强，而这些都是根除人生痛苦的根源力量。

颓废的根源：对即时的舒适感太过迷恋

面对生活难题，有些人选择逃避，有些人选择推卸责任，还有一些人则是感觉自己无法应对或者难以改变现状，因此产生了恐惧、无助感和自我怀疑的情绪。他们觉得自己没有能力承受这些，甚至感到乏力，从而自暴自弃。久而久之，他们甘愿放弃自己的力量和智慧，就只能在消沉、颓废中度过自己庸庸碌碌的一生。尤其是那些在生活或事业上经历过重大"挫败"的人，这击垮了他们的自信，让他们选择躺在"失败"后的状态中一蹶不振，因为这种"一蹶不振"的状态能让他们获得暂时的舒适感、满足感以及安全感。所以，当生活难题再次袭来的时候，他们选择逃避痛苦。从这个意义上讲，一个人之所以难以从挫败中爬起来，与其说是丧失了自信，不如说是他在经历了大悲大痛后太过于贪恋消沉、颓废状态带给他们的满足感、舒适感以及安全感。

有一只小猴子，肚皮被树枝划伤了，流了许多血。它见到一个猴子朋友便扒开伤口说，你看看我的伤口，可痛了。每个看见它伤口的猴子都会给予它安慰和同情，并且给予它拥抱，同时还告诉它不同的治疗方法。于是，这只猴子因为太过贪恋这些来自别人的安慰和同情，所以总是继续给朋友们看伤口，继续听取他人的意见，后来它便因感染而死掉了。一只老猴子很是遗憾地说，它不是因为伤而死掉的，而是因为内心太过缺乏关爱而死掉的。

这只小猴子的确是因为缺乏关爱而死掉的，它的伤口为它招来了别人的安慰和同情，它沉溺其中无法自拔，从不想着给伤口上药使之痊愈，最终因感染而死。其实人也有同样的心理，总是贪恋即时的舒适感、幸福感和满足感，总是愿意用"创伤"去获取这些，而忘记为"伤口"上药。

二十几年前，刘勇经历了创业失败，在赔光了家里的所有积蓄后，便开始一蹶不振，整日消极、颓废。两年后，经人介绍，他到了一家不太景气的国企上班，每月只有几百块钱的工资，即便省吃俭用，日子依然过得捉襟见肘。几年过去了，他们一家三口还挤在一间不足十五平方米的单身宿舍里，除了一台25寸的彩色电视机，家里几乎找不到一件值钱的东西。

面对这样的困境，他曾抱怨过，也曾想过另谋他路。可是，一想到那次创业失败带给自己的惨痛经历，他就退缩了。毕竟现在还能勉强过得去，并且单位买了"五险一金"，将来老了有一份保障。而自己除了做车工，又能干什么呢？弄不好，连一家人的温饱都无法保证。左右掂量，他还是贪恋当下的安稳状态带给他的满足感，于是继续维持着当下的生活。

平常，尽管他嘴上抱怨着，心里诅咒着，但他还是日复一日、年复一年地从事着手头的工作。他想，只要自己努力工作，好好表现，将来评了职称，就能涨工资。等攒够了首付的钱，就可以按揭一套商品房，再简单地装修一下，就能过上比较舒适的生活了。

然而，天不遂人愿，就是这样一个小小的梦想他也无法实现。2001年，由于企业经营不善，亏损十分严重，单位不得不裁减人员，以缓解眼前的危机。不幸的是，刘勇被列在了第一批下岗人员的名单中。下岗，对一个上有老下有小的人来说，无异于晴天霹雳。为了不失去这份工作，他拿出仅有的一点积蓄，买了两瓶好酒、一条好烟，来到领导的家里。他苦苦地哀求领导（就差没给领导下跪了），希望领导能体恤一下他的困难，将他留下来。领导听后，无可奈何地说，如果不裁员，厂子就保不住。最终，他好话说尽，还是没能保住这个工作岗位。

那天，他失魂落魄地回到家里，仿佛天塌下来一般，绝望到了极点。他不敢想象失去唯一的生活收入来源，以后家里的日子会是怎样一种凄惨的光景。那段时间，他感到特别失落、特别迷茫、特别恐慌，不知道未来的路在何方。当然，痛苦归痛苦，无助归无助，日子还得继续过下去。后来，他想明白了，这些年来半死不活地在那家工厂强撑着，他也早就受够了那种庸碌的生活，也许是该积极地拥抱"改变"的时候了。于是，他开始积极地面对现实，拥抱这种突如其来的改变，另寻其他出路。没过多久，他和妻子背上行囊，去了广东打工。

04 高情商的本质，就是懂得延迟满足感

让人意想不到的是，十年后，昔日走投无路的下岗工人，不仅解决了温饱问题，还有了豪华别墅、高档轿车。如今，他已是一个集团公司的老总，旗下拥有五家企业，资产价值数十亿元。每每忆及往事，他总是感慨万千，如果不是当初所在的企业裁员，恐怕他现在还是一个碌碌无为的技术工人，过着充满牢骚与抱怨的生活。

实际上，平庸与失败背后的推手，从来不是别人，恰好是我们自己。人生最大的敌人根本不是生活的困难，而是我们那颗过于贪恋平淡生活为自己带来的即时满足感的心。就像刘勇一样，当你开始拥抱"改变"，打破当下的舒适区，打破原有的满足感和安全感，那么，你的心灵便有了力量。从根本上讲，一个人能否从挫败感中走出来，关键在于看他能否接纳"挫败"所带来的痛苦，然后延迟自我满足感，从挫败中汲取营养，从而为了获得更大的满足感而奋斗。

焦虑产生的根源：期待问题立即得到解决

在生活中，很多人有这样的心理倾向：难题一出来，就期待立刻解决掉，以期获得安全感或满足感。否则我们就会陷入思绪纷乱、寝食难安的状态中，生出无尽的焦虑来。要知道，这样的想法显然是不切实际的，很多难题尽管无法回避，但要想解决掉它们，是需要一些时间和耐心的。这时候，我们就要懂得延迟自我满足感，冷静下来一步步有耐心地用行动去解决问题，便能避免使自己陷入焦虑中。这也是提升自己对焦虑情绪掌控能力的有效方法。

晓莉是某著名公司的管理人员，在公司工作的4年中，领导对她的评价是思维敏捷，办事麻利，工作能力极强；而同事和下属对她的评价是不够宽容，激动易怒，做事手段太强硬。领导与同事对她的评价有如此大的不同，源于她急躁的性格。

在公司内部，只要是上级部门向她下达工作任务，她总能提前完成，为此，她总能得到领导的表扬。但是，为了提前完成工作任务,她对下属的要求是十分苛刻的,明明需要三天才能完成的任务,她却要压缩到两天,不仅把自己搞得焦头烂额,也让那些去执行任务的员工手忙脚乱,精神压力甚大。同时,如果哪个环节出了问题,拖延了时间,她不仅会大发雷霆,还会扣除相关员工的月奖金——她的下属都苦不堪言。

对此,她也有自己的理由:"我其实也不想把大家搞得那么紧张,但我就是忍受不了那种慢吞吞的样子。……在公司里,我从不甘心自己落后,一看到那些效率低下的员工,我就会不由自主地发脾气……对此,我也十分苦恼,我平时的工作压力大极了,头痛、失眠、焦虑经常伴随着我,而且整个人经常会莫名其妙地处于焦躁不安之中,动不动就想发脾气……"

生活中,多数人的焦虑如晓莉一般,他们遇到工作或生活中的"难事"或"问题",总是急于去将之解决掉,以获得即时的满足感——如上司的表扬、他人的夸赞与敬佩等,但是很多问题并不是一蹴而就的。要消除这种焦虑,主要的就是培养自己的耐心,让自己遇到问题能冷静下来,想出解决问题的具体方案或方法,再逐一去实施。

在生活中,我们是否也会这样:只要有任务或者有事情等着自己去做,就会马上动手去做,既不认真准备,又无周密计划。遇到烦琐的事情恨不得来个"快刀斩乱麻",想一下子把问题都解决,一旦解决不了,又会产生挫败感,心神不宁。这时候,也时常听不进去别人的意见与建议,时常会对提意见或建议的人大发雷霆……自己的神经绷得跟上紧的发条一样，仿佛永远无法平静下来！

这时你要告诉自己：我是可以平静下来的。这时候，你只需舒缓自己的情绪，心中默念：好，好，慢一点，不必急。努力让自己心平气和地坐下来，放松神经，不刻意去思考什么内容。等精神松弛下来后，再控制自己的心理活动，还可以想象事情发生的场景，将自己置身其中，最终找到更好的解决方式。

同时，要相信，耐心是可以培养的，不要对自己要求过高，也不要过分地苛求他人，理性而积极地认识自己，这样才能让自己做出正确的选择与判断。做事情时，一方面要有计划；另一方面计划又不可过于完备，要预留自由度。俗话说："计划赶不上变化。"一个高情商者一定是周到而有耐心的，是善于在坚持自己的原则下灵活地变通，然后在理智的状态下，有条不紊地达成自己的目标。

嫉妒的本源：
通过打压别人来获得暂时的心理安慰

星期天，张杉去参加一个同学会，见到了诸多多年未见的同学，很是高兴。但是，在中场休息她去洗手间的时候，听到两位女同学在谈论她，说张杉自小学习都不怎么好，现在全身都穿着大名牌，长得也漂亮了不少……她能过那么舒服的日子，肯定是先花钱去整了脸蛋，然后再找了个有钱的男人……对哦，那些衣服肯定是哪个男人施舍给她的，她年纪轻轻的，哪有本事买得起那样的包包……这时候，张杉突然开了门，走了出来，边补妆边说，你们说的这些事我怎么都不知道呢，有哪个男人争着抢着给我买包买衣服啊？那两位同学露出极为尴尬的神色，赶紧溜掉了。

实际上，张杉的学习底子确实不怎么好，但她异常努力。大学毕业后，她一方面加紧学习营销知识，另一方面很注重保养和打扮自己。如今的她完全靠自己开了一家服装批发大卖场，生意做得风生水起。

实际上，在生活中，我们都有过类似张杉的境遇：与同学、朋友相聚，过得稍微好一点，就会遭到别人的"非议"。从心理学的角度分析，那些低情商的好妒者，都有一个共同的特点，那就是对他人的不认可。看到别人过得好，他们心里就会有说不出的失落感。他们不是不希望别人过得好，而是如果别人过得太好，比自己强得太多，那他们就难以接受。这是因为，别人太强，只能彰显出自己太弱。于是，他们就会以"非议"的方式来打压别人，以获得即时的心理满足感和安慰。

要知道，每个人的人生都不会停留在某一个固定的阶段，人生跑道上呈现的是不停地相互超越，学校生活你可能领先于人，社会现实中你就有可能被人远远地甩开。人生是一场马拉松式的比拼，暂时领先的人，未必就能最先抵达终点。在认清了这个现实之后，与其嫉妒旁人，靠冷嘲热讽式地打压别人获得满足感，不如学着延迟这种满足感，让自己静下心来正确地评估自己，将自己的优势发挥到极致，奋起直追，成为强者。

据说，哥伦布历尽艰险发现美洲新大陆回到西班牙后，女王为了奖赏他特地为他摆宴庆功。

在酒席上，当时的许多王公大臣、名流绅士瞧不起没有任何爵位的哥伦布，而且由于嫉妒他所作出的贡献而纷纷出言讥讽。有的说："有什么了不起的，换成我出去航海，一样也可以发现新大陆。"有的说："驾着船，只要朝一个方向航行，不转弯，就一定有新发现！"有的说："这么容易的事情，女王还给他如

04 高情商的本质，就是懂得延迟满足感

此高的奖赏，真是不服！"

这时候，哥伦布从桌上随手拿起一个鸡蛋，笑着问那些讥讽自己的人："各位令人尊敬的先生们，有哪位能让这个鸡蛋立起来呢？"

于是，那些内心充满嫉妒而又自以为能力超群的王公大臣，都开始纷纷试着将那个鸡蛋立起来，但左立右立，站着立坐着立，想尽了办法，没有人能立住一个椭圆形的鸡蛋。

"哼！我们立不起来，你也别想将它立起来！"大家纷纷把目光盯向了哥伦布。

只见哥伦布不慌不忙地用手拿起鸡蛋，"砰"的一声往桌子上磕了一下，蛋头破了，可鸡蛋稳稳地立在了桌子上面。

众人一看，纷纷骚动了起来，都嚷道："这谁不会呀！简直太简单了！"哥伦布则微笑着对众人说："是的，这当然很简单，但是，在这之前，你们为什么就想不到呢？"

哥伦布一语便道破了这些王公大臣们嫉妒的心情，他就是要告诉他们：与其浪费时间去嫉妒别人，还不如静下心来想想自己能做什么！

越是对自己能力缺乏信心的人，越是不愿意承认别人的能力。很多时候，嫉妒就似心灵的一剂毒药，而解除这剂毒药的最好办法就是相信自己，只要将自身的优势发挥到极致，并能冷静地克服自己的弱点，就能做出让人艳羡的成就来。所以，化解嫉妒的最好办法，就是首先要承认自己的不足，并且相信每个人都是可

以改变的，每个人都可以通过努力变得更好。要超越别人，首先要超越自身，要将内心的嫉妒化为一种激发自己潜能的竞争力，坚信别人的优秀并不妨碍自己的前进，相反，还给自己提供了一个竞争对手，一个学习的榜样，给自己前所未有的动力。

所以，化解嫉妒的最好办法，就是首先要承认自己的不足，然后相信自己只要通过努力也会变得更好。事实上，当你真正埋头去专注于你的事业的时候，你就不会再有时间或精力去嫉妒别人。

别让急功近利毁掉你优良的人际资产

经过几年努力,刘磊终于从名牌大学顺利毕业。毕业后的他,找工作却没那么容易。前前后后投了几十份简历,都没回应。这让他陷入了苦恼中,因为他真的急需一份好的工作,来扭转家里窘迫的经济状况。他是西北农村走出来的孩子,几年大学不仅花光了家里的所有积蓄,还让父母背上了沉重的债务。

那段时间,他在苦恼之余,经常与同学小聚。一次,在与一位同学喝酒时,结识了同学的表哥罗枫,一位早年创业的成功人士,并且认识很多有头有脸的创业精英。刘磊很开心,想让罗枫为自己介绍一份工作。于是,自从加了罗枫的微信后,他便开始不断地联系对方,试图让对方帮这个忙。可刘磊学的是土木工程学,而罗枫从事的行业都是软件类的,虽认识人不少,但多数是本行业内的人,帮他必须动用其他朋友的关系。于是,罗枫告诉刘磊必须等一段时间才能给他消息。可心烦意乱的刘磊根本不管这些,他把罗枫当成了"救命稻草"一般,不再投简历,每天一闲下来就会发了疯似的给罗枫发消息,让对方不胜其烦。罗枫本来是想帮他的，但看到他这样急不可耐，便将他给拉黑了。

对于刘磊来说，罗枫应该是他的优质人际资产，他若能好好珍惜，有可能为他的人生创造产能，但因为他不懂得延迟自我满足感，太过急功近利反而将这笔资产给毁掉了。高情商者在与人交往时，最忌讳急功近利，他们懂得无限期地延迟自我满足感。他们与人结交，并不会像刘磊那样拿来立即投入"使用"，最终将"贵人"给吓跑，而是会延迟满足感，小心地维护，用礼貌、诚信、仁慈等品质为他们的"人际账户"持续性地投资。其中，他们会仔细地观察"贵人"的言行、为人法则、思维方法等，并从中汲取到对个人提升有用的"营养"作为回报。

人与人之间都是有情感账户的，你储存增进人际关系的信赖、礼貌、诚实、仁慈和守信时，你的"账户存款"就会增加。而如果你储存进去的是急功近利式的利用、威逼、失信或者批评、指责时，你的"账户余额"就会不断地降低，到最后甚至可能会透支，这时你的人际关系就会亮起红灯。实际上，越是持久的关系，越是需要不断地储蓄的。

生活中，如果你在人际交往中抱着以下急功近利式的三种目的，那么你的人际账户便难以有余额甚至会透支：其一，结交某个人完全是为了在极短的时间内建立"能帮忙""能帮我获利"的关系；其二，快速地结交比自己实力强的人物；其三，抱着牟取暴利、参与不正当竞争而去认识某些人。真正的强者，会将结交他人看成人生的一种乐趣，一种习惯。他们结识他人的目的是分享自己的人生经验、思维模式，提升个人视野和见识，互享优质的信息等，并从中创造出更多的机遇。

如果一个人总是抱着急功近利的态度去交际，只会使自己变得越来越不受欢迎，路也会越走越窄。尤其是很多走上社会不久的年轻人，因为急于求成，总会十分积极地参加各种聚会行为，想通过结识更多的人而获得更多的机会，但却忽略了对人际关系进行投资。

一眨眼毕业都快六年了，这一天柳惠突然接到老同学张梅的电话，这么久，突然接到老同学的电话，柳惠心情还是蛮激动的。在电话中她们聊得很是开心，并且还约好周末一起用晚餐。柳惠对这次聚会很渴望，希望能与张梅一起重温学生时代的美好回忆。

但到了现场，柳惠吓了一跳。原来张梅在饭店里早就订下了一个包厢，请了很多人，里面有柳惠认识的，多数是不认识的。她请这些人是为了她的保险产品推介会。柳惠看张梅手举广告牌，滔滔不绝地向大家介绍她的产品，有些难受。她没想到，昔日的同窗好友竟然会把自己带过来推销自己的保险产品，她有一种被欺骗的感觉。她想：同学之间的关系竟然变得这么功利，难免有些心凉。

会后，张梅过去和柳惠打招呼，并且拼命地向她推销自己的保险产品。柳惠对此无动于衷，并在离开的时候对张梅说，希望她不要用这种方式招揽生意。柳惠虽然讲得委婉，但张梅的反应极为激烈："我又没做错什么啊！请你们过来白吃白喝，又没强

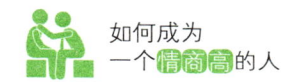

迫你们买我的产品。我本来只想跟你聊聊天的，只是我工作太忙了，想捎带一下啊！"

　　无论是你新结识的朋友还是昔日的旧友，切勿以急功近利的心态从中获取"实际利益"，否则，你只可能会获得一场空，比杀鸡取卵更严重。对于自己的亲朋好友，在日常接触时，也不要太过于频繁地推销产品。只需诚恳地告诉亲友们，如果有需要的时候，你很乐意为他们服务，然后保持密切的联络，等他们有需要的时候，自然会先想到你的产品和服务。

　　伤害朋友的人，必然失去朋友。失去了金钱，你可以再挣回来，而假如失去了亲朋好友的支持和帮助，你就很难再拥有。有些以急功近利的心态太过刻意"利用"朋友换取利益的行为，看似一时获利，但最终都难逃失败的下场。因为他们的行为会让其失去人与人之间最有价值的东西：信赖感。

失意时不抱怨，得意时不炫耀

在人际交往中，经常会出现两种因不懂延迟自我满足感而产生的低情商行为。

第一种是在个人失意的时候，大肆地向人倾吐怨恨之语。受了委屈，这委屈憋着着实不舒服，于是总想向他人倾吐出来，让自己稍稍"爽"一些。从根本上讲，他们是无法延迟这种舒服的感觉，所以给自己的人际带来"伤痕"。周围人觉得他们身上是满满的负能量，谁还会愿意去接近这样的人呢？

第二种是常在个人得意时四处炫耀，尤其会在失意者面前。比如，在失恋者面前炫耀自己的幸福人生、美好生活；在一个经济窘迫者面前炫耀自己的富有；在失业者面前炫耀自己是如何得到领导的赏识或者升职加薪之事；在失败者面前炫耀自己事业的成功……一个人在失意者面前，强调或炫耀自己的得意之处，我们可以将其统称为"将自己的得意建立在他人的痛苦上"的行为，这实际上是无法延迟优越感带来的满足，所以迫不及待地展现出"我强你弱"的心理满足感。

如何成为一个**情商高**的人

张俊是某公司的销售人员，有极强的工作能力，于是，每当与周围的朋友谈及他的工作业绩时，他那得意之情就溢于言表。

有一次，张俊与几个客户在一起吃饭，一是为了加深感情；二是想与这些客户探讨下一步的工作安排，看是否有合作机会。

刚开始，大家聊得很开心，但是酒一下肚，张俊就口不择言了，加上自己刚拿下了一个大订单，忍不住开始大谈他的销售"功绩"。

然而，在场的一位李姓朋友是公司的销售经理，看到张俊滔滔不绝地讲话，面色极为难看，始终低头不语。一会儿去洗脸，一会儿假装去厕所，最后饭没吃几口，就找借口提前离开了。原来，李经理因为销售业绩下滑，刚被降了职。

后来，张俊自己也感觉到李经理对他的态度冷淡了许多。两人关系日渐生疏，到最后李经理慢慢地与张俊断绝了生意上的来往。

生活中，很多人遇到过如张俊这样的人：心智不够成熟，遇到一点"喜事"，得意之情便溢于言表，大肆地炫耀自己，根本不会顾及周围人的情绪和心情，最终得罪了人还不自知。这是无法延迟个人满足感所带来的低情商行为。

对于在人际交往中，不懂得延迟自我满足感的人，要谨记两点：一是在失意的时候一定要管住自己，别随意发泄自己的怨气。要知道，抱怨非但不能解决你的任何问题，还可能让你暴露更多的问题。大众心理学认为，不如意的时候怨天尤人表示你心智浅薄、缺乏自信，没有独立面对困难和逆境的勇气。向自己的同事

04 高情商的本质，就是懂得延迟满足感

发牢骚可能会招致更糟糕的结果，要知道这世上没有不透风的墙，一传十、十传百，你不经意间说出去的话，总有一天会传到你的牢骚对象的耳朵里。二是在得意的时候，不要有傲气，至少不能无所顾忌地表露自己的傲气。傲气的人是不受欢迎的，甚至还可能招致别人的妒忌，把自己变成众矢之的。尤其是当你并不如原来想象的那么不可替代的话，很可能会被自己的上司牺牲掉。

电视剧《潜伏》给人留下了深刻的启示。男主角余则成是一个城府极深的人，在任何关键时刻，都能够延迟自我满足感，极好地控制自己的情绪。在敌营初遇左蓝时，为了不让自己露马脚，遭人怀疑，他抑制住了自己内心的激动与欣喜；在左蓝牺牲时，他曾陷入极大的悲伤中，但是他在几秒钟之内整理好了心情，再见李涯时展露出了笑容。他的这种"失意不快口，得意不快心"做法，告诉我们为人处世应将大志藏于沉稳之中，时刻牢记，不能因眼前的利益、得失而迷失大局。而与他不同的几个同事，因为缺乏延迟自我满足感的能力，最终招来了祸端。李涯锋芒毕露，让他头破血流；陆桥山嫉贤妒能，被李涯反咬一口；马奎不懂伸缩，下场更是不好。余则成与他们相安无事，正是懂得忍耐的结果。

一位哲学家说：人生有两种境界，一种是痛而不言，另一种是笑而不语。富有智慧的人，能做到失意时不抱怨，得意时不炫耀。因为他们知道，过度地表露失意只会招人厌恶，过度地彰显得意只会招来他人的嫉妒和恨意。

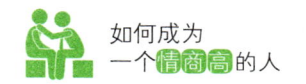

再好的友谊，也经不起"直言"的摧残

　　生活中，还有一种因缺乏延迟自我满足能力而使人际关系经常"亮红灯"的行为：说话太直。有这种行为的人遇事总是想通过口头的发泄来使自己获得心理上的满足感或安全感。所以，他们很容易口不择言，滔滔不绝，最终导致自己痛快了，却因为得罪了他人而给自己招来各种各样的麻烦和祸端。当然，这也是他们无法延迟不吐不快的满足感而结出的"恶果"。

　　这样的人，有可能重情重义，愿意为朋友赴汤蹈火，但因为不懂得延迟自我满足感，经常口无遮拦，脾气又大，难免会伤到和气。他们错误地认为对于亲密无间的朋友，话说重一点没关系，因为彼此有着牢固的情谊，是可以互相包容和理解的，于是肆无忌惮地用最难听的话刺激与自己关系最密切的人。殊不知，那些恶毒之语犹如插向朋友心头的一把把尖刀，对友谊所造成的伤害往往是难以修复的。就算朋友心胸开阔，能够忍耐宽容，可是伤痕会一直存在，令双方的感情产生裂痕，即使冰释前嫌，也不可能和好如初。如果朋友是个敏感之人，一段来之不易的友谊就会

04 高情商的本质，就是懂得延迟满足感

毁于一旦。多少志同道合、肝胆相照的知己好友就是这样决裂的。

李锦和杨勇是一对非常要好的朋友，两人在一次产品展销会上一见如故，此后互相畅谈人生理想，彼此勉励，友谊日益增进。后来他们成为关系密切的同事，在艰难的岁月里，两人曾经荣辱与共、同舟共济，一起吃盒饭，一起熬夜加班，无论一方有什么困难，另一方都会毫不犹豫地施以援手。他们认为这样铁的友情是永远拆不散的，可是现实给了他们相反的答案。

李锦性格爽直，一向口不择言，想说什么就说什么，杨勇就是认为他不装假才愿意与其深交的，可是后来发现自己越来越忍受不了李锦的怪脾气。杨勇生性敏感，自尊心强，他很在意别人对自己的看法，尤其是好朋友的看法。他一向尊重李锦，也珍视两个人的友谊，可是李锦从不顾及他的感受，总拿狠话伤他。起初杨勇想朋友不过是刀子嘴、豆腐心，不是存心的，于是说服自己不去计较。可是渐渐地，杨勇发现李锦越来越变本加厉，有时竟拿自己当出气筒，莫名其妙地对自己冷言冷语，有时还大发脾气。他越发认为李锦不尊重自己，不过是把自己当成泄愤对象罢了。

有一次同事在一起聚会，为了尽兴，大家便想痛快地畅饮一番。李锦酒量惊人，有时一次就能灌下好几瓶酒都面不改色，而杨勇滴酒不沾，起因是他有一个酗酒的父亲，所以他从小发誓永远不碰酒精，他从不为任何人破例。在那次聚会上，杨勇要求以水代酒，同事们起哄不同意，坚持让杨勇举杯。杨勇断然拒绝，气氛立时僵起来，李锦也生气了，冷冷地说："你还算不算男人，

让你喝杯酒都推三阻四的,还比不上这里女同事。""我觉得有没有男人气概和酒量无关,我对酒精过敏不行吗?"杨勇说。"你就是个孬种,做什么事都扭扭捏捏,别扫了大家兴,喝杯酒而已又不是让你上战场。"李锦开始骂骂咧咧,杨勇气得满脸通红,把酒杯一推:"我不喝!"然后起身愤然离开了餐桌。

事后,李锦也为自己的言行不当对杨勇道过歉,可是杨勇的心被伤透了,好友竟然在大庭广众之下咒骂自己,而且一句比一句难听,句句都像钢刀砍在自己的心坎上。真正在乎自己的朋友会用这种方式对待自己吗?他有些茫然了,以后渐渐地和李锦很少来往了。李锦也感到非常难过,其实由于性子直、脾气暴,他几乎交不到什么朋友,杨勇是他为数不多的朋友之一,他以为两个人交往这么多年了,杨勇应该早就了解自己的脾气,无论自己说了什么、做了什么都不会怪罪自己才是,没想到两个人的关系就这么断了。

有的人认为真正的友谊必定是固若金汤的,事实上,友情远比人们想象的要脆弱得多。两个人的友谊之花需要精心呵护才能常开不败,有时一点风吹雨打就能使友谊之花凋零。朋友之间的感情虽不同于血浓于水的亲情,但可以同样深厚和绵长。因为彼此在乎,所以对对方的伤害才更为敏感,人们可以抗击外界的种种伤害,可偏偏对来自密友的攻击没有招架之力。因为人向来不会对亲近的人设防,就像一个软体动物,平时裹着又硬又厚的铠甲,可是在安全的环境下,就会露出自己身体最柔软的部分,如果一个人只允许自己最信赖的朋友近身，但朋友刺伤自己，这种痛又岂是常人能承受的？

很多人总是会一厢情愿地认为，别人会包容自己的种种不好以及各种无心的伤害，所以会失去苦心经营多年的友谊。此外，直爽之人情绪容易激动，行为过于激进和鲁莽，可能在各大场合让朋友难堪，作为朋友，虽乐于帮助其善后，可要是没完没了地收拾烂摊子，也会感到厌烦和疲倦。当外界的负面评价不断冲进耳朵，两个人的友谊便会产生动摇，深情厚谊在各种风波和麻烦中将走向终结。

和性子太直的人交往，人们会感到很累，外界的压力以及朋友本人给自己带来的压力，都有可能把友谊的树枝压弯压断。如果友情不能给心灵以滋润，反而成为情感负担，人们当然有权拒绝它，这便是直性子的人痛失友情的根本原因。

05 提升共情力：顺意的人生从读懂他人开始
——让自己拥有体察他人情绪的能力

高情商者，除了要能把控好自身的情绪、安置好自身的内心，还需要提升自我共情能力。有人说，高情商就是好好说话，认真倾听；有人说，高情商就是"让别人舒服"；有人说，高情商就是时时顾及别人的感受。而这些，其实都离不开共情能力。共情力是高情商的一种重要表现。高共情力是高效沟通的基石，是一种润物细无声的处世智慧，是感同身受后饱含深情的抚慰，是慷慨又不失尊重的帮助……一个人如果缺乏共情力，会活得像一座孤岛，只有懂得将心比心，掌控共情的力量，人与人之间的交往，才能自然舒畅，如沐春风。

如何成为
一个情商高的人

幸运者，大都是拥有高共情力的人

共情力，是高情商者的前提。美国心理学界知名人士亚瑟·乔拉米卡利认为，共情是指一个人能够理解另一个人的独特感受或经历，并对此做出反应的能力。共情能够让一个人对另一个人产生同情心理，并做出利他的行为。共情是人类源于基因的一种天赋：共情并不是一种情绪，也不是一种感受，而是人类与生俱来的一种能力。

《红楼梦》中，刘姥姥进大观园，临走时贾府送了很多东西，平儿和她一一地交代。

刘姥姥千恩万谢，平儿笑道："休说外话，咱们都是自己人，我才这样。你放心收了罢，我还和你要东西呢，到年下，你只把你们晒的那个灰条菜干子和豇豆、扁豆、茄子、葫芦条儿各样干菜带些来，我们这里上上下下都爱吃……"

短短的一段话，便透出平儿的高共情力：看似和刘姥姥要东西，其实不过是为了给刘姥姥减轻心理负担，让她接受得心安理得一些。真正的善良就是共情后恰如其分地帮助，不忘护全他的体面，给予他尊严，润物细无声，过水而无痕，只在心中留下阵阵的暖意。

共情力是一种善良，它不是一句轻描淡写的关心，不是泛滥而廉价的同情心，不是居高临下的施舍，而是感同身受后饱含深情的抚慰，是慷慨又不失尊重的帮助。共情力之所以对提升情商极为重要，主要是以下几个原因。

1. 共情是沟通的基石

在沟通界流传着这样一句话："沟通，70%是情绪，30%是内容。"良好的情绪流动，温暖的共情能力，往往比沟通内容更为重要。

一位心理学家曾讲过这样一个故事：一位爸爸为了不让儿子像自己一样高度近视，就禁止他看电视和吃糖。然而，这简单粗暴的"禁令"并没有起到任何作用。道理也讲了，脾气也发了，孩子最后糖也吃了，眼睛也近视了。这位父亲的出发点是对孩子的爱，却因为缺乏共情的沟通方式，让结果适得其反。所谓有共情力的沟通，主要是站在对方的角度，体恤对方的感受，用我的心贴着你的心，在情感真切的共鸣中，传达出自己想要表达的东西。

亚瑟·乔拉米卡利在其著作《共情力》中说："当你对他人表现出共情……这意味着你可以用更有创造性的方法来解决问题。"这些话语其实很简单，将自己的心摆在对方的位置，感同身受而有感而发，爱与关怀自然流露其中，这比一切精致、深刻的话语都有力量。

一切的沟通技巧，都不如怀着一颗真心的共情。因为共情，所以你出口的话总能说到对方的心坎里；因为共情，所以总能恰如其分地温暖别人；因为共情，所以沟通也成了一种心灵上的交流。

2. 共情力是一种处世的智慧

对于一个人来说，幸福感不是在无穷无极的算计中求得的，而是在人与人设身处地的相互体谅中悄然拾获的。共情是一种处世的智慧，在共情中，走出自我，舍得给予，你便能够看见世界真正的美好。做人要有共情力，有一颗充满爱，也懂得换位思考的心。在默默地为他人考虑的温柔里，你会对世界多一份智慧，对人性多一份通透，给自己多一份幸福。

20世纪20年代末，美国经历了一次经济大萧条，有90%的中小企业纷纷倒闭了，在这危难之际，一个名叫克林顿的企业家想找一些老客户、老朋友出出主意，帮帮忙，于是就写了很多信。

可是，等信写好了，克林顿突然意识到自己连邮票都买不起了，那别人肯定也不舍得花钱买邮票给自己回信。于是，他变卖了家里的东西，买了很多邮票，在向朋友寄信的时候，顺便附上两美元，作为回信的邮票钱。朋友们都被这两美元感动了，想起克林顿素日的种种善举，纷纷伸出了援手。

爱出者爱返，福往者福来，共情就是一种处世的智慧。用一颗共情的心面对世界，能收获来自世界的热情与温暖，在错综复杂的人际关系中，找到与世界愉快而和谐的相处方式，收获内心的幸福与安宁。

高共情力的表现：
对他人的反应给予精准的回应

张晓与男友相恋快一年了，两人感情极好，但因为不在同一座城市工作，所以，两人几乎每天都会聊天。五一假期前，张晓在网上告诉男友，自己要到他所在的城市去陪他，而男友只是回了一个"哦"。张晓顿时大怒，打电话过去。对方可能因为在忙别的事情，没接电话。这让张晓更加愤怒。事后，她的内心久久无法平静，便对男友提出了分手……男友也极为委屈，尽管向她做了解释，但仍无法安抚张晓……

张晓之所以会愤怒，在于男友没能对她的信息给予重视和回应。在张晓看来，男友只用"哦"这个词，是对自己的敷衍，不算真正的回应。在交际中，对他人发出的信息给予正式回应，是对人最基本的尊重，也是有效沟通的基本前提。

每个人都希望受到别人的重视，对别人发出的信息给予及时与精准的回应，代表了你对对方的重视，也说明你有极好的共情能力，是高情商的重要体现。

柳琳是大学一年级的学生，是个安静且孤独的人。对于周围的同学、朋友，她既不向别人发出自己的声音，也不求得别人的回应，内心丝毫感受不到幸福和快乐，周围没有一个要好的朋友。她的这种"不求别人关心，也不关心别人"的封闭状态，让其他同学都很害怕她，也不敢跟她交流和沟通。对此，柳琳也痛苦至极，不懂得如何摆脱。后来，她接触了心理学，了解到自己的心理问题，源于童年时期母亲对自己缺少回应。在她童年的记忆中，妈妈每天都极忙碌，根本没时间理她，并且妈妈经常情绪不好，总与爸爸争吵。所以，柳琳自小就是个乖巧且懂事的孩子，她经常会做出各种搞怪动作去逗妈妈，想博得妈妈的一笑，但每次妈妈总是板着脸没有任何的回应。这让她很是受伤，当她稍微大一点儿后，便变得越来越孤独和自闭。

柳琳的孤独和自闭是小时候妈妈对她的付出不予回应造成的，事实也证明，在原生家庭中，父母忽视孩子的需求，对孩子发出的信息不予回应，对其心理造成的负面影响是巨大的。美国一项心理研究发现，若婴儿向妈妈发出信号，而妈妈在七秒内能给予准确的回应，婴儿便没有受挫感；若超过七秒，婴儿就会生出挫败感。一个婴儿若总是处于挫败感中，就会减少甚至再也不会向妈妈发出呼叫。一个人长大后，总是孤僻，喜欢独处，宅在家里不想跟任何人交际，往往就有这样的成长背景。

05 提升共情力：顺意的人生从读懂他人开始

弗洛伊德在其著作《性学三论》中讲到一个故事：一个三岁的男孩在一间黑屋子里面大叫："阿姨，和我说话！我害怕，这里太黑了。"阿姨回应说："那样做有什么用？你又看不到我。"男孩回答："没关系，有人说话就带来了光！"没有回应，就意味着黑暗，而如果有了回应，就有了光。不仅要回应，而且要及时地给予回应。

毕业不久的张强刚参加工作不久，便帮助公司团队突破了一个项目的核心问题，他兴奋地跑过去向领导汇报工作时，领导却表现得异常平静，没有任何兴奋的样子。这让张强心里像被泼了一盆冷水，失落地回到座位上，几天都打不起精神来继续投入工作中……

一个聪明的领导，面对员工传递来的兴奋事件，也应该回以同样的热情和兴奋，这是共情力高的重要体现。对他人传递来的情绪、信息等给予怎样的回应，考验的是一个人的情商。在哲学界，曾一度流传着这样的观点：你存在，故我存在。这个观点体现在交际中，即指他人在这一刻是存在的，因为他又回应了我的感受，所以这一刻我也被确认了，于是我的存在感便增强了。对于上述事例中的张强来说，领导在这一刻是存在的，如果其能对自己的兴奋情绪予以积极的回应，那带给自己的不仅仅是强烈的存在感，还有成就感和获得感。所以，在人际交往中，如若你对他人的话语、表现或信息能给予及时和精准的回应，便会加重对方的"存在感"，也是对对方最大的尊重。

每个人都渴望"被看到"

当你在遇到挫折时,是否希望对方能够理解你的情绪并且给出让你走出困境的方法,而不是那几句不痛不痒的话,如强调时间是最好的解药?

当你在感冒发烧时,是不是希望有个人能够理解你的难受并且为你倒一杯水,而不是在那边责备你为什么不好好照顾自己?

在你生气的时候,你是否渴望有个人能够读懂你生气的点并且尽快化解矛盾,而不是冷冰冰地说一句"你又怎么了"?

以上对待你的方式方法,都是共情能力低的一个重要表现,从心理学的角度分析,共情能力低下者大都是主观思维过重,极难换位思考的人。

共情力作为提升情商极重要的一项技能,能够让人感受到自己被理解和被看到,让人即使处于困境中,也能够感受到温暖。正如心理学家武志红所说:"真正的爱是什么,是回应,是看见,是链接。作为一个能量体,我们犹如一个章鱼,会不断地伸出自己的触角，如果这个能量的触角被接住和看见，它就得到了祝福，会变成生的能量。如果没有被看见，而是被拒绝与忽略，那么它就会变成黑色、破坏性、死的能量。

如果一个人整体上觉得自己是被拒绝被忽略的，那么不管他外在看上去是一个什么样的人，他的内心，或者说是真自我，都充满了破坏欲。"而共情力，就是去看见和接住别人的能量触角，能为对方带来如沐春风的感觉。

《重启》的作者史蒂夫·迈哈特在书中说："安慰一个哭泣的人，最好的方式不是说'不要哭，你应该……'，而是说'你一定很痛苦吧，想哭就哭吧'，或者'如果我是你，我也会哭'。"这种安慰方法，是共情力的重要体现，后者给人一种自己内心的悲伤被看到的感觉，并且以一种鼓励的方式，让对方的情绪得以自由流淌；而前者给人一种悲伤情绪被禁止的感觉，因为对方的悲伤情绪没有被"看见"。

晓枫说："我2岁的儿子有一天生气了，坐在客厅的沙发里，愤怒地哇哇叫。我握起他的两个小拳头，放在一起亲了一下，然后他恢复平静的速度比平时都要快。"

张岚说："我12岁的女儿正值青春叛逆期，我们经常因为她学习上的问题而发生争吵。有一次我让她去写作业，几次催促都未见她行动。于是就大声地向她吼，她急得跳脚，朝我大喊大叫，一会儿竟然哭了起来……这时的我，顿时觉得自己的行为有不妥之处，于是收起锋芒，变得平静起来，张开双臂将她抱住，她立即也软了下来，依偎在我怀里。事后，我问她为什么一下子变得温顺起来了，她说，你一张开胳膊，我就觉得你是爱我的，我内在的'愤怒小孩'一下子被制服了。"

刘晓说："老公最近因为工作压力大，回到家总是阴着脸不高兴的样子。刚开始看到这样子，我总是埋怨他为什么总把工作上的负面情绪带回家，接着便会发生激烈的争吵……后来，我改变了策略：每天到家看到他不高兴时，我的第一反应就是伸开双臂抱抱他或者让孩子兴奋地跑到门口寻求他的拥抱，每次做完这些亲人间相互拥抱的动作，他的负面情绪便很快烟消云散……"

人本主义心理学家卡尔·罗杰斯说："爱，就是深深的理解与接纳！"理解与接纳，就是共情力的深层体现方式，拥抱则是理解与接纳的具体表现形式。

当一个人处于负面情绪中时，拥抱意味着爱，更意味着其内在的负面情绪被"看见"。所以，生活中，无论是谁，伤心的时候，不用给对方过多地讲道理，只需要静静地倾听，然后再伸出双手去抱抱他，就好了。即便是刚发生完冲突的两个亲人，如果一方想要与另一方达成和解，就不要去与对方争论对错，只需要一方敞开双手去拥抱另一方，其内在的愤怒就会消解，关系便能得以缓解。这是因为另一方的负面情绪被"看见"，所以其内在的情绪得以自由地流淌起来。

知名心理学学者亚瑟·乔拉米卡利说："只有当我们能够真正理解他人的感受时，我们的内心才能收获一直寻觅的融洽的幸福。"

察人要诀：聆听是一门技术活儿

要提升个人共情力，懂得时刻体察他人情绪，并能够依他人情绪的变化而调整自我行为，不仅要懂得打开所有的感官，还要学会聆听。在人际交往中，聆听是一种礼貌，你愿意倾听别人说话并乐于接纳别人的观点和看法，这会让倾诉者有一种备受尊重的感觉，有助于我们建立和谐、融洽的人际关系。同时，从心理学的角度分析，让对方开口说，可以有效降低交谈中的竞争意味，因为聆听可以培养开放融洽的沟通气氛，有助于双方友好地交换意见。鼓励对方先开口说出他内心的想法，这样我们便有机会在表达自己的意见之前，掌握双方意见的一致之处。如此一来，就可以使对方更愿意接纳我们的意见，从而使沟通变得更和谐、更融洽。聆听是一门技术活儿，在现实中，我们该如何去聆听呢？

1. 营造轻松、舒畅的聆听氛围

有效的沟通是讲求氛围的，在紧张、拘束的气氛中，人往往不愿意将自己的真实心声说出来，我们也就无法聆听对方的心声了。所以，聆听需要营造一个轻松、舒适的环境，这样，说话者才能放松心情，将自己内心的真实想法、困扰、烦恼等毫无顾虑地说出来。因此，在与人交谈时，最好选择一个安静的场所，不要有噪声的干扰。如果有必要，最好将手机关掉，以免干扰谈话。

2. 保持自己内在情绪的稳定

对方在诉说过程中，难免会涉及一些与我们自身利益密切相关的问题，或者谈及一些能引发我们共鸣的话题。这时候一定要稳住自己内在的情绪，要时刻谨记，对方才是交谈的主角，即便你有不同观点或者极为强烈的情绪反馈，也不要随意地表达出来，更不要与对方发生冲突或争执，否则很可能会引入很多无关的细节，从而冲淡交谈的主题或导致交谈中断。

3. 领会对方话语中透出的情绪与感受

有效的聆听还需要做到设身处地，即站在对方的立场与角度去看问题。要努力领会对方所传达的意图、情绪或感受。很多时候，交谈者不一定会直接把他的真实意图告诉我们，这就需要我们从他说话的内容、语调或肢体语言中获得线索。

比如，如果无法准确判断他的情感，也可以直接问："那么你感觉如何？"询问对方的情感感受不但可以更明确地把握对方的情绪，也容易引发更多的相关话题，避免冷场。当我们真正理解了对方的情绪后，应该给予对方肯定和认同，如"那的确很让人生气""真是太不应该了"等，让对方感觉我们能够体会他的感受并与他产生共鸣。

4. 善于引导对方

在聆听过程中，除了懂得观察，还需要与谈话者保持互动，比如，我们可以说一些简单的鼓励性的话语，"嗯，你说得没错""我明白了"等，以向对方表示我们正在专注地听他说话，并且鼓励他继续说下去。当谈话出现冷场时，也可以通过适当的提问引导对方说下去。例如，"你对此有什么感觉""后来又发生了什么"等。

5. 与对方保持视线接触

在聆听时，我们为了显示出对对方的尊重，应该注视着对方的眼睛。通常情况下，对方判断我们是否在认真倾听他说话，是根据我们是否看着他来做出的。如果在对方说话时我们的眼睛盯着别处，对方就会认为我们对他的谈话不感兴趣，从而降低谈话的积极性。

6. 适当时候要给予对方赞美

当对方说出有意义的陈述、精辟的见解或者有价值的信息时，我们要及时地给予对方真诚的赞美。例如，"你说的这个故事真棒""你这个想法真好""你的想法真有见地"等，这种良好的回应可以有效地激发对方的谈话兴致。

7. 适时地提出自己的观点

在聆听过程中，我们固然应该表现得专注，但适当时候也要提出自己的疑问或发表自己的意见、看法等，来响应对方的谈话。尤其是在有听漏或不懂的地方，要在对方的谈话暂时告一段落时，简要地提出自己的疑问之处。

8. 恰当运用肢体语言

在聆听时，虽然我们不开口，但内心的真实情绪或感觉就已经通过肢体语言清楚地展现在对方眼前了。如果我们在聆听时态度表现得比较冷淡或封闭，对方自然就会特别注意自己的一言一行，比较不容易敞开心胸。反之，如果我们倾听时态度开放、充满热情，对对方的谈话内容很感兴趣，对方就会备受鼓舞，从而谈兴大发。激发对方谈兴的肢体语言主要包括自然微笑。聆听别人谈话时，还要注意一些细节，比如，身体略微前倾，时常看对方的眼睛，微微点头，等等。

9. 暗中回顾，整理出重点，并且提出自己的结论

聆听别人谈话时，我们要时不时给自己留几秒钟时间，可以在心中回顾一下对方的谈话内容，分析总结出其中的重点。在聆听过程中，我们只有删除那些无关紧要的细节，把注意力集中在对方说话内容的重点上，并且在心中牢记这些重点，才能在适当的时机给予对方清晰的反馈，以确认自己所理解的意思和对方一致，比如，"你的意思是……吗""如果我没理解错的话，你的意思是……对吗"等，在互动中与对方产生"共情力"。

总之，聆听并不是简单地坐在那儿听对方讲话，而是一项技术活，是要讲求方法和方式的。有技巧的聆听，可以与对方产生"共鸣"，这是提升自我"共情力"的关键一步。

顶级的高情商，学会建设你的"真诚"

在现实生活中，多数人觉得圆滑是高情商的重要表现之一，但实际上，从心理学的角度分析，真诚才是顶级的高情商表现。学会建设你的"真诚"，其实就是让你以最真心实意的态度去面对周围的人与事。你若付出你的真诚，周围的人也一定能感受到，这是为你赢得良好人缘的关键。可以说，真诚是打开所有人际关系的钥匙，它能帮助我们走进他人的内心世界。

我们知道，好人缘来自良好的沟通能力，而所谓的沟通能力，其实就是"了解别人想法"的能力，即共情力，其中包括了解别人的需求、渴望、能力与动机，并给予对方适当的反应。

当年，在"神经语言程序学"这门新学科刚刚起步的时候，理查德·班德勒和约翰·格林德这两位学者进行了一个研究项目，目的是"研究个人如何找到主观上的良好感觉以及这种良好感觉的模式是什么"。最后，他们给"交流"下了一个可靠的定义："交流就是得到回应。"这个定义简单而准确，因为它意味着人与人的交流能否成功，就在于双方是否得到了自己所需要的回应。

而好的回应，一定是要建立在真诚的基础上的，因为当你付出真诚时，你的内在情绪在自由地流动，能唤起他人对自己的信任感。

1968年，美国认知心理学家约翰·R.安德森列出550个描写人的形容词，并让大学生们指出他们所喜欢的品质。统计结果表明，评价最高的品质是"真诚"。可见，"真诚"是与他人建立良好关系的宝贵品质。

交流的成功与否，能否赢得对方的信任，在很大程度上取决于你能否拿出你的真诚来。那些在交流中，只是一味地谈论自己事情而不顾对方实际感受的人，双方是极难深入交往下去的。

林肯是美国历史上极有作为的总统之一。他出身贫寒，但勤奋好学，先后做过土地测绘员、律师等职业。竞选总统前夕，他在参议院演说时，一个态度极为傲慢的参议员站起来说："林肯先生，在你演讲之前，我希望你记住，你是一个鞋匠的儿子。"

这时所有的参议员都笑起来。可这个时候的林肯极为真诚地说："我非常感谢你使我想起了我的父亲，他已经过世了。我一定会永远记住你的忠告，我永远是鞋匠的儿子。我知道也许我做总统永远无法像我父亲做鞋匠那样做得那么好……"所有参议员都被他的这份真诚给折服了。"我不一定会胜利，但一定会真诚行事。我不一定会成功，但一定会保持一贯的信念。"这是林肯的处世之道，也是成功的秘诀。

高情商，不是话多，也不是能够"见人说人话，见鬼说鬼话"，而是真诚。秉持一颗真诚的心，就算没有那么多好话或巧话，也能获得别人的认可。曾国藩曾经给"诚"下过定义："一念不生是谓诚，故诚于心，必能形于外。"也就是说，真诚是内心的纯净无杂，是外表的真实，不虚伪，率性自然，易让人亲近。这样的人无论是为人还是处世都十分实在，所以在学习上面没有不能攻克的，在事业上没有不会兴旺的，因此，能让人立于不败之地。

勇敢地敞开自己、坦露自己

构建和提升自己的共情力，首先要赢得他人的信任，而与人建立信任，除了要向对方表达出你的真诚，还要能够向他人展露最真实的自己。

生活中，许多人难以获得他人的信任或好感，多是因为总戴着面具做人，让人觉得其太"假"，不够真实，很容易与他人生出诸多的隔阂来。如果我们能打开心扉，坦露自己的真实状态，就可能会赢得对方的信任。

几年来，刘丽一直为自己的人际关系而苦恼。

刘丽发现自己很难向别人表露心迹。每每与人初次见面，刘丽总能谈笑风生，聊得很不错。可互留电话号码之后，她总是怕别人打来电话，也从来不会主动给别人打电话。她觉得，自己初次交往时的侃侃而谈，全部是"装出来的"。她怕别人知道自己的真实状态和真实想法，担心别人会看不起自己，担心交往越深，自己越会被人"识破"。

05 提升共情力：顺意的人生从读懂他人开始

刘丽知道，日后的发展离不开良好的人脉，但她就是不能在朋友面前坦露自己。为此，她陷入了深深的矛盾之中……

实际上，将自己的不安、焦虑以及生活中的不如意，向别人坦诚地和盘托出，这种方法是克服人际关系障碍的一剂良药。只要自己有足够的勇气，敢于暴露自我，无论是大大方方地表露自己的优势，还是公开展示自己的不足之处，都是帮你赢得信任、广交朋友的好方法。

美国人本主义心理学家西尼·朱拉德曾说："一个人要想获得健康和充分的自我发展，只有当他有勇气在别人面前表现他真实的自我，并且找到自己人生的意义与目标时才能实现。"

有人担心，过于"自我暴露"，会损害自己的名誉，被人嘲笑，甚至会被别人看不起。实际上，这种看法是没必要的。如果你心存不安，可以尝试一下"扮演法"。也就是请一个朋友来扮演你，而你扮演嘲笑"你自己"的人。在这个过程中你会发现，你的朋友（也就是你）其实没有什么可嘲笑的，而嘲笑别人，其实是件很无聊的事情。这种方法能够使你逐步认识到，"自我暴露"有时并不会遭受别人的嘲笑，反而会得到别人的真诚相待。

张勋入销售行业有几年了，他像所有的销售人员一样，经常参加各种社交活动，想更多地结识和培养一些自己的客户。但几年下来，张勋觉得自己"认识的人太多，有用的人又太少"。

无论是在厚厚的名片盒中，还是在网络聊天工具上诸多的"联系人"里，多数不能直接谈成业务，所以张勋对那些"联系人"都很冷淡。特别是在网络聊天工具上，他为了避免自己被太多人骚扰，还设置了"需要验证"——把张勋加为联系人，需要张勋本人的验证。

有一天，张勋在网上结识了曾给他工作帮了很大忙的"联系人"刘涛，因为"需要验证"，这位"联系人"第二天才被加上。不过，刘涛并不介意，他不但帮张勋联系了新业务，还建议张勋把他的设置改为无须验证就能加为好友。他对张勋说："你这么做，确实能够屏蔽一些无聊信息和广告，但也许你会因此而失去一些想来咨询的客户、想和你真心交朋友的网友。有的客户当时没有加上你，也许过后就忘了。当你设置需要验证才能加你为好友的时候，你也就关上了别人通向你的一扇门。"这时候的张勋恍然大悟：其实不仅是在网络上，在任何场所，要想交到更多的朋友，就要敞开你的心扉，敞开别人与你建立友好关系的大门。

只有勇敢地敞开自己、坦露自己，才能与人交善，这考验的是一个人的情商。美国人际传播学专家朱迪·C.皮尔逊指出，多进行"自我表露"，不但可以促进人际交往，做到以心换心，还可以通过别人的反馈，增强自我了解，对自己有更清楚的认识。自我暴露得太快、太多，往往会引起对方的防卫反应；但自我暴露太慢、太少，往往会使对方与自己的心理距离加大。所以，在现实中，恰当地自我表露是结交新朋友、维系老朋友的最佳方式之一。特别是在职场上，如果你总是患得患失，畏首畏尾，又怎能经营好你的人际关系，怎么让更多的人了解你的能力呢？

  坦诚的态度、开放的心扉，是建立良好人际关系的基础。其实，对那些职场成功人士来讲，他们很少有"私密的心事"，他们对工作的体味，对理想的追求，没有一样不可以与他人分享。其实，你敞得越开，你失去的越少，得到的则越多——因为你得到了价值不可估量的重要财富——良好的人际关系！

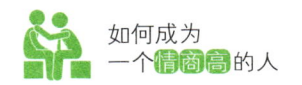

从交谈中，"透视"别人的真实意图

提升共情力，除了要拥有高超的聆听能力，能从对方的话语中明白所传达出来的意思，还需要通过话语，领会对方话语中所透露出来的真实意图。生活中，别人与你说的许多话语潜藏着自己的意图，或者是他们内心意愿的表达，或者是他们谈判的策略，或者是顾左右而言他，善于通过他的言谈来识破他们的内在心思，才是提升共情力的前提。那么，在现实生活中，我们如何才能看透别人的真实意图呢？你需要掌握一些最基本的心理学知识，知道不同个性的人的基本心理特征，便能够基本上把握对方的真实意图，从而采取正确的行为策略。

1. 爱对他人评头论足的人，一般嫉妒心都比较重

在交谈中，经常对他人评头论足的人，通常心胸都比较狭窄，嫉妒心比较重，人缘也不怎么好，内心孤独。与这样的人打交道，要懂得以一颗宽厚、仁和的心去包容他们，尤其不能与他们斤斤计较，否则会将局面搞得很僵。

2. 说话总带有暧昧口气的人，一般很喜欢迎合他人

针对这样的人，其说话不够明朗，既可以做出这样的解释，又会给出那样的解释，给人含糊其词的感觉。很显然，他们奉行圆滑的处世哲学，对外界的警惕性极高，懂得如何保护自己，如何利用别人，不愿意吃亏。面对这样的人，我们就要多留心，不可急于求成，必须掌握机变的处世之道。有时候，我们也可以以静制动，让对方露出破绽，从而找对进攻的机会。

3. 爱与他人唠家常的人，一般是想与你套近乎

在与他人交谈时，对方先是与你谈一些家长里短，这表示他们想了解你的实力，侦察你的本意，试探你的态度，然后转入正题。这种人通常是极有心机的谈话对手，我们可以利用他们想套近乎的心理，与他们建立对话机制，找到其真正的意图是什么，然后在良好的沟通中建立利益细节，实现交易的目的。

4. 说话突然避开某个话题的人，内心潜藏着其他的目的

当谈论到某个话题的时候，对方突然间就将话题转移到了另一个话题上，这种突如其来的变化，让人感觉极为诧异。这样的情况，可能是对方对原来的话题心存芥蒂，不愿意跟你谈论；或者对方在谈论中说错了话，怕接下来不好收场；或者对方在逃避什么东西；等等。对方转移话题之后，你可以尝试着探探对方的口风，如果他拒绝再谈，或者有生气的意思，那么我们就要懂得适可而止。但是，事后你要仔细地分析中间发生的状况，争取从中发现有价值的信息。

5. 能对他人做出正确评价的人，一般都有主见

有些人经常会对某个人做出评价，或者对某件事情发表自我的看法。而且，他们的论断往往极具道理，甚至会让你眼前一亮。这样的人一般是一个有见地的人，能够对人与事保持独立的看法。与这样的人交谈，我们就要善于从其话语中推测其中蕴含的意思。

6. 总爱责备他人的人，往往有较为强烈的支配欲

生活中，有一种人常爱抓住别人的小毛病小题大做，并且还横加指责，这种人往往表现得尖酸刻薄，自尊心较强，具有极强的支配欲。这种人有个特点，就是比较顽固，自己认定的事，别人很难改变他的想法。因此，在与这样的人交往中，我们切不可强硬地向他们介绍自己的观点或强行向他们推销自己的产品或者服务。最佳的策略就是以柔克刚，通过间接、柔性的方法，先赢得对方的信任，再做进一步的打算。

7. 爱发牢骚，遇事总爱抱怨的人，心眼比较小，对人不够宽容

爱发牢骚，遇事总先抱怨连连的人，多数是自视甚高者，因为其自身的优越感无法满足，就会通过抱怨来宣泄内心的不快。这样的人陷入被动的局面时，总是会唠叨不停，用来说明自己有多么无辜，好像吃了很大的亏一样。与这样的人交谈，我们最好能让其处于主动的地位，以博得他的开心。同时，当他发牢骚时，也不必将其放在心上，只需要按照其原来的计划即可。有时候，也可以安慰他一下，以此来拉近彼此间的距离。

不在失意者面前大谈你的"得意"

生活中，高共情力的一个重要表现就是：不在失意者面前大谈你的"得意"。每个人都有不同程度的"好胜心"，尤其是遇到得意之事，难免会在朋友面前表现出得意扬扬的样子。"人生得意须尽欢"，这也是人之常情，本身没什么过错，但是如果你在失意者面前大谈得意之事，必然会招致对方的反感，这是共情力低下的重要体现。

最近，关女士很郁闷，因为她被踢出了"同学群"，她一再申请加入，但始终未能如愿。原因是，她在社交群里晒出了女儿的名牌大学录取通知书。对于自己"被踢群"的事情，刚开始关女士觉得："这些同学就是嫉妒心太强，看不得别人过得比自己好！"而实际上，将她踢出群的老班长表示：大家都忍她很久了！原来，这个群建立起来后，除了重要的事情，大家一般都不在群里说话。只有关女士例外，她每天都在群里自言自语，发女儿各种认真学习的照片。

后来女儿收到名牌大学的录取通知书，关女士立即就将通知书晒到了群里面，并且骄傲地说了一句："××大学的录取通知书就是大气。"被班长踢出群后，关女士愤怒地去找班长评理，却发现班长早已将她删除。原因是，班长的儿子今年也参加高考，但是没有考上好的大学，心情很是低落，关女士知道此事，还在群里面得意扬扬地炫耀，这让班长忍无可忍，就将她踢出了群。

很显然，关女士是个缺乏共情力的人，明知道自己的班长因为孩子未考上好大学而心情不佳，她却没能体会对方的感受，再炫耀自己的得意，自然是招人厌烦。这是一种低共情力的表现。

缺乏共情力，不顾及他人的感受，一味地夸耀自己，最终失去了一个朋友，是得不偿失的。要知道，失意人的心理是异常敏感和脆弱的，极容易受到伤害。这时候，有人在其面前大谈得意、成功之事，就是对他的嘲弄与蔑视，只会招致失意者的反感，甚至会令其对你产生一种仇恨心理，从而再也不愿与你交往。

所以，在与人交往中，每逢开口说话，都要认真地想一下自己要说的话是否让别人有一种被比下去的感觉。特别是你在春风得意之时，更要懂得去体察别人的情绪或内心感受，切勿在失意者面前高谈阔论。

那么，在人际交往中，我们该如何面对那些失意的朋友呢？

1. 摆正心态，正确地看待自己的成功

人生路上的所有得失成败，其实都是对自身能力的一种暂时性证明，对现在与未来并不能产生直接的意义。所以，在成功时，

我们没必要过于得意。

要知道"山外有山，人外有人"，成功只是一个暂时的序幕，人生的好戏还在后面，你还需要继续努力。

2. 要设身处地为对方着想

当一个人遭遇失败、不幸，或身处逆境时，最需要的就是别人能够理解和鼓励他，需要有人为他排忧解难，帮他渡过难关。

这个时候，你应该真诚地向对方表示关心，向他伸出真诚的援助之手。只有这样才能使你与对方的关系处于平衡之中，才能让对方对你心存感激，更愿意与你交往。

值得一提的是，由于强烈的自尊心及面子问题，有些失意者可能会反感你的关心，拒绝你的援助。在这样的情况下，你可以多去赞扬对方的优点，强调他的重要性，适当地显露你无伤大雅的短处，比如你不会唱歌等，好让失意的人心中有"他也不是顺心如意"的感慨，这个或多或少可以让对方从失意的谷底走出来，然后，自然而然会对你的行为心存感激。

面对他人的诉苦，"开口献策"是大忌

人人都有负面情绪，心情不好的时候，都有向人倾诉的心理需求。当身边的人向你哭泣，找你诉苦时，一些人则表现得极为"热心"：不仅给对方心灵上的安慰，还会帮着对方想办法，甚至帮助其控诉别人。很多人认为，这种做法是高情商的体现，实际上，这是人际交往中的大忌，是共情力低下的结果。很多时候，对方向你倾吐心声，是为了获得心灵"共振"，让你能对他的痛苦感同身受，而不是寻求安慰。这个时候最好的做法就是陪他一起待着，认真地倾听他的话，对他的情绪进行安抚，而不是随便开口"献策"。

小邢是一家公司的新职员，活泼开朗的她，初到公司就赢得了许多同事的喜欢，尤其与柳菁还成了关系不错的朋友，一方只要在工作中遇到困难，另一方便会主动给予帮助。

一次，柳菁与男友吵架，找小邢诉苦说自己男友是如何不懂得体贴，如何不靠谱、缺乏上进心。看到柳菁痛苦且咬牙切齿的样子，急性子的小邢也不由得开始气愤起来。于是，就在旁边添

油加醋地说："你怎么找那样一个不靠谱的男人呢，赶紧跟他分手吧，免得以后后悔！"

听到小邢那样劝解自己，柳菁内心得到了一丝安慰。但是几周过后，柳菁则在背后对其他同事说："别看小邢平时没心没肺的，她可没安什么好心，上次竟然劝说我要和男友分手呢！"

随即，其他同事也不再那么信赖和喜欢小邢了，与她的关系也不再那么亲密，小邢知道柳菁的行为后，很是痛心，她当时只是想让朋友得到宽慰，却没想到换来这样的结局。

小邢本来是好意，想让朋友得到宽慰，于是便"献策"了，但最终却落个得罪人的下场。可见，面对一个找你诉苦、哭泣的朋友，你可以递上纸巾，可以拥抱他，但一定要管好自己的嘴巴，控制自己的情绪，不要贸然开口"献策"。否则，吃亏的只可能是你自己。

生活中，一些人总容易被周围人的情绪传染，尤其是面对好朋友哭诉的时候，他们也会跟着难过起来，当好朋友激烈地控诉自己内心的恨意的时候，这些人的情绪也很容易被煽动起来，恨不得马上行动去替朋友出气。这是不妥的，但因为无法控制好自己内在的情绪，其行为很容易为情绪所掌控，很容易做出令自己后悔的事情来。要知道，一个高情商者首先要把控好自己的情绪，然后再通过全方位地感知他人的行为，与对方的情绪产生"共振"，然后予以宽慰，最终给人善解人意或如沐春风的感觉。

如何成为一个情商高的人

刘含和白梅同是一家文化公司的白领，两人是很要好的朋友。两人无论是谁，只要受了委屈，一定会向另一个人诉苦。一次，刘含因为稿子的编校工作出了问题，受到主编的一顿训斥。刘含待到下班后，向白梅哭诉了起来，说自己在这个公司受尽了委屈，想要跳槽离开。白梅安慰几句后，便说："我也早不想在这里干了，要不我俩一起跳槽吧！"刘含欣然同意。但是，要跳槽得先找到合适的下家才能动身。两天后，刘含又因为工作上的失误被主编批评，这次刘含毫不示弱，与主编大吵了起来。刘含是个急性子，在气愤的时候，便对主编说："就这个破工作，我早就不想干了。我要走了，白梅也会跟着离开，人全走光了，到时候有你哭的时候！"说完便摔门而去。随后，白梅便被领导叫过去谈话。其实，白梅并不想离开，只是宽慰朋友心切才对刘含说了那番话。最终，刘含和白梅都被辞退，很长时间俩人都找不到合适的工作。

面对刘含的诉苦，白梅其实是想用自己也想离职的话来安慰她，没想到结果却真的被公司辞退。所以，生活中，面对朋友的诉苦，高情商者绝不会随意"开口献策"。

提升共情力，需要练就三种技能

提升共情力，需要练就三种基本技能，分别是接纳能力、肯定能力和启发能力。

1. 接纳能力

这里的接纳能力是指全方位地去接纳对方，接纳对方发出来的一切信息，包括话语、表情等，尤其是在别人心情不好的时候，得允许其发泄这种负面情绪。在生活中，很多人听到别人在向自己抱怨的时候，会第一时间想到给对方提建议，这其实就是共情力低的表现。共情力高的人，在听到他人向自己抱怨时，会专注地仔细地去倾听，全方位地打开自己的感觉器官，竭力去感受对方内心的感受，让对方的负面情绪自由地流淌。

刘欣最近工作不顺心，所以会跟男友抱怨："最近我们公司的事儿真的好烦琐，我真的好累啊！一个人干几个人的活儿，领导又极爱挑刺，总想着辞职……"

可男友却这样回应："看吧，你工作能力有问题，主要是没掌握工作方法，掌握之后就快很多了！对了，工作态度也很重要，领导为什么爱挑你刺呢？你肯定有哪里做得不好吧！"

刘欣听后，更烦躁了！

很显然，男友是个共情力极低的人，刘欣向他抱怨，实际上只是一种负面情绪的发泄，这时候高情商者能全然地感受到对方内心的烦躁，然后让对方的负面情绪自由地流淌，然后再给予其情绪上的安抚。这样做更容易走进对方的精神世界。

2. 肯定能力

肯定能力不单是指对于他人所做出的事情给予肯定与认可，这里的肯定能力指的是肯定他有坏情绪的"资格"，这也是真正对对方的一种接纳。这样，你所交往的人会对你敞开心扉，对方也会有舒适的感觉。这便是肯定的魅力所在，很多时候，与人交往时，肯定对方的情绪比起肯定对方的做事能力更能让人产生好感。

3. 启发能力

启发能力即指适当地引导对方去解决当前的问题，或者通过鼓励让他拥有勇敢面对未来的信心。要知道，很多时候，懂得与理解可以让人对你产生感激之情，但如果你再能引导他主动去解决自己遇到的问题，那他一定会对你心存感激。

总之，要想拥有强大的共情能力，就要设身处地去理解一个人的情绪，那么，他便也会用同样的方式去理解你和爱你，你们的关系也会在循序渐进中继续升温。

06 高情商思维：拥有吸纳资源的能力

——遵循交际原则，是赢得好人缘的基础

一个强者，第一要素就是拥有极高的情商。因为高情商者情绪稳定、目标坚定、自律性强、待人和蔼、幽默风趣，处处受人欢迎，他们也因此拥有了吸纳和整合周围资源的能力，也极容易实现人生的逆袭。而一个低情商者，纵然有一腔热情和梦想，纵然有高超的生存技能，却会陷于资源不足、无法更好地施展个人抱负的窘境中。所以，要实现自我逆袭，就必须具备高情商思维，从根本上提升自我的情商。

高情商者，拥有的是吸纳资源的能力

每个人的一生无时无刻不在进行一场场"隐形"的比赛。而在比拼过程中，大家拼的，无非就是吸纳资源、运用及整合资源的能力。当然，在这个比拼中，一个人的高智商固然重要，但情商也是不可忽视的。一个高情商者更容易赢得他人的喜欢，能凝聚更多的资源和力量，比如人力、信息、财力等，让人能更快地得以逆袭，获得更好的发展机会。

当然了，提升自我情商并不是一件容易的事，它有一个基本点，即能给人以信赖感，这是吸纳资源最基本的品质。所谓的"信赖感"就是为人厚道、本分、靠得住，无论在怎样的状态下，都不会给人带来"危机感"或不安全感。若想给人这样的感觉，就要祛除你内心的各种"小算盘""小心机""小心思""精明"等，因为相由心生，你内心隐藏的这些，都会写在你的脸上，无法让人产生安全感。

06 高情商思维：拥有吸纳资源的能力

许多人喜欢《射雕英雄传》中那个憨厚的郭靖，他老实本分，看起来像个榆木疙瘩，黄蓉却古灵精怪，智商和悟性都极好。依常理，黄蓉的武林际遇应该比郭靖好一些才对。实际上，郭靖却超越了黄蓉，成为武林中人人敬重的大侠。原因是郭靖的具有吸纳各种资源的品质。江南七怪为了教给他真本领，贡献了自己的下半辈子；而全真派老道不远千里，不厌其烦地手把手教他真功夫，甚至连九阴真经、降龙十八掌这样的绝世功夫，都无一例外地传授给他。

难道是幸运之神格外眷顾"庸才"吗？当然不是，郭靖这个人，尽管智商不高，情商却极高。他四肢发达，头脑简单，却懂得感恩，诚实守信、待人真诚，对人从不设防，所以更容易赢得他人的信赖，很容易被人接纳。同样地，黄蓉虽然冰雪聪明，但做事极为精明，正因如此，让她失去了吸纳资源的本钱，难以得到大师的点拨。智商高情商低的人，虽然有悟性，但因为任性、情绪化、不够宽容、不懂退让等，不容易为人所接纳和信赖。

与郭靖相类似的还有《天龙八部》里的虚竹。他本是少林寺内的无名小僧，智商不高，性格木讷，相貌不算好，又不善辞令。但为人忠厚善良，待人坦诚。他从不强求，也从未主动去争取，但最后得到了一切。

可见，真正的高情商，不是指一个人掌握了怎样高明的处事方法，从而在不同的场合如鱼得水，而是指忠厚善良、待人坦诚、懂得感恩、诚实守信、对人从不设防等品格。"大智若愚"说的就是这个意思。一个真正有大智慧的人，表面上看起来都是愚笨的。这样的人，具有吸纳周围一切优质资源的能力，所以，就算他们起点极低，也会"好运连连"，在毫不费力的情况下，实现人生逆袭。

可在生活中，我们每个人都想变得聪明，显得精明，以为这样才能不吃亏。同时，我们还常被灌输诸如这样的理念："做人得动脑子，吃亏的事情咱不能干""精明的人看起来不好惹，别人也不敢轻易去欺负"等。于是，越来越多的人开始争先恐后地变"聪明"，以为自己"聪明"就能得到更多。实际上，这样做的结果会使你丧失吸纳资源的能力，做起事来没有助力，感觉极为吃力，人生之路也充满了种种困难。生活中，很多人之所以看似有极好的条件和资源，却始终一事无成，都是被所谓的"聪明"给害了。正所谓"大道至简"，最简单和最浅显的道理，都是最富有智慧和最难得的。所以，生活中，好好沉下心来"去繁就简"，与人相处时，尽力地清除内心的小聪明、小算计以及各种心机，向人坦露真心、流露真情，真诚待人，保持一颗"素心"，做一个素人，如此这般，你会发现自己的人生也会好运连连，长期坚持，你会发现自己也会变成一个"厉害的角色"。

将意愿强加于人：
不是别人心眼小，而是你情商低

生活中遇到一点小事就发火，与人计较、争吵，是多数有单向思维习惯的人的特点。对此，心理学家指出，只考虑自己，不顾及别人的单向思维者总爱与人计较，是因为总爱把自我的意愿强加给他人，这种低情商行为极容易损伤你的人际关系。比如，在这些人的心中，每个人都该遵守公众秩序，假如一有人不按此去做，他们便会暴跳如雷加以怒斥，以为这样就可以使对方在受到惩罚后，自觉遵守公众秩序。如此一来，争吵也就来了。

遇事习惯用单向思维思考和解决问题的人，总爱把自己脑中的固定模式，或者想法强加给他人。在别人不接纳的情况下，便会用发火或争吵来惩罚对方，其实最终惩罚的却是自己。这样的人脾气火暴、心眼儿小、容不下别人，情商极低，人际关系也差，是生活中的弱者。试想，你总想把自己的意愿强加给别人，就算

如何成为一个情商高的人

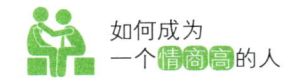

你是正确的,你也不能要求别人在第一时间内就理解或接纳你的意图,人的大脑和心理都有一个反应和接纳的过程。所以,当你霸道地对别人生气的时候,别去抱怨别人的心眼儿小,而是要反思是不是自己的情商太低,情绪控制能力太差。

今年32岁的梅华长得十分漂亮,从小到大都比较顺利,接受过良好的高等教育。如今在一家大型集团公司上班,在别人眼中,这样的女孩应该是受人欢迎的,也不应该有什么烦恼。事实上,她的内心却被一种痛苦的情绪包围着,苦不堪言。

原来,她经常会因为看不惯同事的坏习惯而与其发生争吵。她承认自己是个急性子,对生活或工作中看不顺眼的行为会莫名地恼火,甚至大加指责。总觉得身边同事做事太幼稚、太庸俗,似乎每个人的身上都有一大堆她无法容忍的毛病。对别人穿的衣服她也看不顺眼,总能给人挑出一大堆的毛病;同事吃饭的时候她总是嫌人家咀嚼声太大;同事说话声音稍大一些,她就说人家没教养;等等。总之,梅华总觉得与这些同事在一起工作简直就是一种煎熬。她从不怀疑自己的工作能力,但是对于自己是否要继续待在这里却拿不定主意。

离开这里吧,这里的待遇又这么好,工作环境也相当不错,有些舍不得;不离开这里吧,又十分烦躁。后来她找朋友诉苦,让朋友帮她拿主意。朋友建议她调整一下自己的心态,主动去与同事打成一片,平时见面也要多问候,有快乐的事情要常与大家一起分享……结果,还没有等朋友把话说完,她便急切地打断说:

06 高情商思维：拥有吸纳资源的能力

"若是那样，我就不是我了！绝对不行，我是不会改变自己去迎合他们的！"

心理学上认为，那些成长经历比较顺利的人，从小娇生惯养的人很容易自以为是，挑剔别人，梅华就是其中之一。她总喜欢以自己的标准去衡量别人的言行，别人稍与她的标准不符，她就认为那是坏习惯。殊不知，世界上许多事物的评判并非只有一个标准，世界也不是以你为中心的，这样做只会使自己更加苦恼。面对这样的问题，如果不去认真地审视自己，调整自己的态度，无论到哪里都会过得不开心。也就是说，如果不去改变心态，想通过改换工作去消除烦恼，是无法从根本上解决问题的。要彻底改变，就要学着接纳，学会换位思考。具体来说，需要从以下几个方面去努力。

1. 开阔胸怀，包容不同

一个人若一味地挑剔别人，不能包容别人的生活和做事习惯，主要是由于心中只装得下自己，无法容忍别人。要知道，花园因不同的花朵色彩才会缤纷绚丽，你要认识到事物的多样性，以包容的心态去面对，才能与不同的人和谐相处。

2. 多为别人着想，少以己度人

人际关系相处的最高境界就是：毫不利己，专门利人。但是，很多人做不到这一点，所以就不容易与别人建立和谐的人际关系。其实，我们至少应该做到平等待人。你希望别人对你怎么样，你就要先怎么样去对待别人。做事情的时候要多站在别人的立场上去想一想，知道别人真正需要什么，自己就知道该如何应对了。

3. 寻找你与他人的共同点

每个人都有自己的个性，如果你能看到、找到别人的优点，自然就能够与他人和谐共处。为此，你可以找出一张纸，将那些有众多小毛病的朋友的优点列出来，就不会那么在意他们的缺点了。经常这样做，你就会自觉地去营造一种相对和谐的合作环境。

总之，你若能多为别人着想，别人也会为你着想；你主动与人家打招呼，主动帮助别人，你也同样会得到别人的帮助，最终可以使你的工作变得更为和谐、顺利。长期坚持，你的性子也会慢慢变得平和。

与人交往，要把握好"界限感"

有一位年轻人极富有爱心，每天下班回家都会给路边的乞丐10元钱。后来有一天，他只给了乞丐5元，乞丐问他为什么，年轻人说："我最近经常请假，收入缩减，我妻子刚刚在医院生下宝宝，有孩子要养。"乞丐却理直气壮地说："你凭什么拿我的钱去养你的宝宝！"

这个故事听起来让人有些不可思议，但却说明一个问题：人与人之间要有起码的"界限感"，把别人的善意当作理所当然，习惯了得到便忘记感恩，甚至在不断索取的过程中，当别人降低或停止善意时，内心就觉得自己受了委屈，变得不平衡甚至憎恨起来，这是典型的弱者思维，也是低情商的重要表现。

在《界限感：打造完美人际关系的秘密》一书中，"自我界限"是影响人际交往的关键因素，亲近地保持距离，才是恰当的交际方式。而生活中那些缺乏"自我界限"的人，总是以自我为中心，在人际交往中不断索取、不肯付出，总是一味发泄不满、不肯包容他人。可是，在这个世界上，没有人欠你什么，想要得到就一定要付出。管理好自己的事情,不轻易干涉别人的事;想要被尊重和被认同,就必须以礼待人,把握好自我的边界,这是秉持双赢思维的前提。

在生活中,那些经常"好心办坏事"的人,一是因为缺乏共情和移情能力,他们搞不懂别人的真实意图,便顺着个人意愿一味地"付出",结果好心用错了地方,招人反感;二是没有为人处世应有的界限感。比如一个与你刚认识时间不长,只见过几次面的人,一见面便像查户口一般地盘问你一些私人问题:你哪年生的,一个月能拿多少工资,有房子没有,为什么还不结婚,打算什么时候生孩子,对象在哪儿上班,等等,定会让你心生反感。他们打着"关心"的幌子,实际上是为了满足自己的好奇心。这样的人,经常将"关心别人"和"干涉别人"搞混,把握不准对方的真实需求,胡乱地送上"关心",最终却因越过了人与人之间的"边界"而惹人嫌。

晓童与刘佳是一对极为要好的朋友,两人大学时在一个宿舍,毕业后选择在一个城市打拼。她们经常互吐心事,无话不说。可前一段时间,晓童与老公吵架,吵得很厉害,甚至要闹离婚。在伤心之时,晓童暂时住到了刘佳家里。看到自己的好友如此伤心,刘佳气愤地说:"回去就跟他离婚,跟这样的男人过日子不会有幸福感!"刘佳本是为了安慰晓童,但没想到这样的劝慰给双方的关系埋下了隐患。

一周后,晓童与老公和好了。两人在情浓时,晓童将刘佳劝

06 高情商思维：拥有吸纳资源的能力

解她离婚的话告知了老公，她老公本和刘佳是熟人，顿时火冒三丈，打电话过去将刘佳数落了一番。自此之后，刘佳与晓童的关系便陷入了僵局之中，再也不像之前那么亲密了。

刘佳的做法显然越过了朋友之间的界限，要知道，再亲密的关系也是有距离的，一旦跨越这个距离，便会使两人的关系陷入尴尬。每个人都有自己的生活方式、与人相处的方式，不干涉任何人的生活，哪怕再好的关系，不让别人去适应你的生活方式和理念，不打乱别人的人生轨道，是对对方最起码的尊重。

在生活中，很多人总是搞不清楚"助人"与"干涉别人"的区别。实际上，帮助别人的本质是：放下自己的身段真正地理解别人，搞明白其初心是什么，顺着他的真正心意和目标一起去努力。如果对方有自己的主意、意愿以及自己的生活方式，也乐在其中不愿改变，你则一定要让他遵循你认为对的方式去改变，这就是干涉。你干涉就意味着强制、不尊重，会给人带去压迫感，让对方产生抗拒感，会让人感到不舒适，如此下去，你们的关系也难以维持下去。周国平说："一切交往都有不可超越的最后界限，两人之间的界限是不清晰的，然而又是确定的，一切麻烦和冲突，都起于无意中想突破这界限。"所以，要提升情商，一定要把控与他人交往的"界限"。真正让人舒服的关系是，一方懂得适时地退让出一定的空间，而另一方懂得自觉守住分寸。

如何成为
一个情商高的人

不占人便宜，是深到骨子里的教养

在《曾国藩家书》中，曾国藩提出了"九不交"，其中一条就是"好占便宜者不交"。的确，好占人便宜的人，目光短浅、格局狭小、缺乏尊严，所以很难受人欢迎。要知道，尊严是一个人人格的基本要素，无论你是富有还是贫穷，社会地位是高还是低，都应该有起码的人格素养，都应该有尊严地活着。

那些高情商者，首先人格绝对是过硬的，他们时刻懂得双赢思维，最是懂得付出，以正直、真诚、乐观、积极等正能量感染他人，从而成为受人尊敬和受人欢迎的人。所以，在与人交往上面，他们从不会想着去占人便宜，那是一种深到骨子里的教养。

宋朝名士欧阳修在三岁的时候，父亲就去世了，他与母亲相依为命，日子过得极为清贫。

有一次，快过年时，欧阳修与几个小伙伴看到一大户人家炸鱼丸，顿时垂涎欲滴。那家主人用鄙夷的眼光对一群小孩说："你们若有谁给我磕一次头，叫我一声爷，我就给你们吃一个鱼丸，

06 高情商思维：拥有吸纳资源的能力

多磕多给。"

周围的小伙伴经受不住这样的诱惑，挨个跪下给那位老爷磕头并且大声地喊"爷"。唯独欧阳修站在那里看着金黄的鱼丸，强忍着口水，转身离开了。

这一幕被一旁的一位教书的先生看到了。先生拉住欧阳修说："你为什么不跟他们一样跪下给人磕头换鱼丸吃呢？"欧阳修回答说："我母亲常对我说，人家看不起你的眼光不重要，自己做出什么样子才最重要。我不能因占人家的便宜而让母亲丢脸。"

那位先生听到这话十分感动，觉得这孩子有格局，懂得守护个人的尊严，将来一定是个可造之才。于是，他提出免费教欧阳修学问。就这样，欧阳修发愤苦读，最终实现了人生的逆袭。

小小年纪的欧阳修就知道不能占人便宜，懂得维护自我尊严，让人心生敬佩之情。他最终能取得极大的成就，与他自小就懂得保持自身的尊严不无相关。

印度近代作家普列姆昌德说："对人来说，最重要的东西是尊严。"身份、权势、金钱，能令人获得敬畏、羡慕，但唯独尊严，需要自己去取得。一个人的尊严正是其获得各种社会资源的保证。

中国古代有一种人，叫"士"。士，事亲则孝，事君则忠，交友则信，居乡则悌。穷不失义，达不离道。无恒产而有恒心。无论身处怎样的境地，士都有风骨，有信用，有气节，有始终，这才是真正的"精神贵族"。一个在精神上富足的人，其内在也必定是和谐的，而内在的和谐是外在好运的源头。同样，一个在精神上贫穷的人，物质也不会富足到哪里去。

一位学者家里雇了一名保姆，这位保姆手脚麻利、干活儿利索，做菜的手艺也不错，但有一个不好的习惯，就是爱占人小便宜。今天顺手拿雇主家里一点鸡毛零碎的零钱，明天从人家厨房里顺点儿葱、姜、蒜等小物品，有时还会顺手拿走人家的花生米什么的。那位学者发现后，没有揭穿她，也没有开除她，而是主动地找她谈话，并对她说："如果你家里有什么困难，可以直接说，我会尽力地帮助你的！"可那名保姆口头上答应了，却仍天天趁人不注意干些"占小便宜"的事。对此，学者曾几次地劝过她，但她仍屡教不改。最终，学者在无奈之下解雇了这名保姆。

那名保姆就是精神上的贫穷者，她的格局小，只盯着眼前的蝇头小利，觉得雇主的厨房就是自己的整个天地，她要在这番天地里抢占一些资源出来。如果她将这种习惯持续下去，有可能面临难以获得保姆之类工作的窘境。这样的人没有见过什么世面，所以会觉得有些东西能贪一点是一点，即便那些东西并不能给生活带来什么好处。

而一个格局大的人则不会如此，他们将目光放在自己的理想上面，攒足力气，只为在未来的某一天一鸣惊人。不同的格局可以从一个人的思维模式中看出，也可以决定一个人最终能够走多远。

06 高情商思维：拥有吸纳资源的能力

先考虑他人的感受，再决定要不要开口

"话开口前，先三思"是多数高情商者的行为法则。在他们看来，生活中多数不愉快的事，都是源于口无遮拦。所以，他们不会轻易开口讲话，即便是开口，也不会口不择言，滔滔不绝，而是会顾及他人的感受。因为他们知道，人与人之间的关系是极其脆弱的，再亲密的关系，也要懂得最基本的尊重和顾及对方的面子，否则会让周围的人远离你。

张媚是个漂亮时尚且温柔贤惠的女孩，与男友相恋3年了，到了该谈婚论嫁的时候。但是，张媚的男友感到很是闹心，张媚的确是个不错的女孩，唯一让他苦恼的就是她口无遮拦，说话不经过大脑的个性。

一次，男友将张媚带到家里见父母，男友的父母看到她很是高兴，当他们眉开眼笑地夸她时，她很得意地将带去的补品呈了上去，"抖着机灵"道："叔叔，阿姨，这个每天早上和晚上各吃四粒。很好记的，早四粒晚四粒，早四（死）晚四（死），早

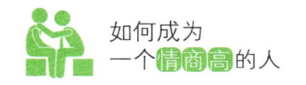

晚要四（死）。"

男友看到爸妈一下子变了脸色，赶紧低声警告她说："哎，你怎么说话的？你也太二百五了。"谁知道她却满不在乎，还大大咧咧地说了一句："你骂我，我吃亏，你妈是个大乌龟。"这是她平时骂男友的口头禅，居然在这个时候搬出来了，男友难以置信。

男友的爸妈再也扛不住了，长叹一声："不是早晚要死，我们看现在我们要立马被气死了。"说完，他们转身把自己关进了房间。张媚这才意识到自己说错话了，但是却无法改变她在未来"公婆"心目中的不良印象。他们的婚事也遭到了男友父母的反对。

张媚没有坏心，但是男友的父母不会因为这一点而谅解她，只会因为这份"口无遮拦"而讨厌她。说话不经过大脑思考，胡乱说，这样极容易得罪人，也容易造成不必要的误会。所以，我们在说话之前要考虑一下场合、人员、对象、气氛，尽量在开口前思量一番，切勿只顾自己说得爽，而伤他人的心。

美国艺术家安迪·沃霍尔曾经告诉他的朋友："我自从学会闭上嘴巴后，获得了更多的威望和影响力。"这告诉我们，要说好话，首先要学会"少说话"。诚然，"不多说"是一种智慧，人们既然生活在现实社会中，只能"少说"而不能完全不说。如此，既要说话，又要说得少，且说得好。所以我们在开口时，应避免因为一时冲动或大意而出口伤人。

06 高情商思维：拥有吸纳资源的能力

京剧大师梅兰芳的演艺事业火遍全国的时候，遭到了一些人的恶评。比如，有一名小报记者，竟然以故意挑衅梅先生的方式来提升自己的知名度，以便让自己的小报有更好的销量。然而一开始，梅先生不予理睬。这位小报记者急眼了，以至于开始谩骂、羞辱梅先生。而梅先生还是一言不发，不予争辩。周围的人都看不下去，想用更恶劣的方法回击，而梅先生还是耐下性子，说服大家，不要去管。后来，那些负面的报道也就烟消云散，不了了之了。

若干日后，这位小报记者穷困潦倒，到处借钱借不着。一天，他想到了梅先生，于是就想去碰碰运气。他来到梅先生家门口，梅先生出来见他。他按事先的准备虔诚地检讨自己，梅先生打断了他的话，说："别讲了，你有什么事吗？"小报记者便向他倾诉了自己的穷困遭遇。梅先生二话没说，掏出200块钱，说："请走吧。"这位记者顿时感动得扑通跪倒在梅先生跟前。

事后，梅先生还教导自己的家人，一定要注意"口德"，强调遇到任何事都要先考虑一番，不要动不动就出口伤人。只有学会嘴巴让人，才能一生平安。他自己以身作则，从未在背后说过别人的不是。华东师范大学的翁思再先生深有感慨地说，梅兰芳一生，就是这样做的：施舍、助人、宽容、律己。所以，他不仅是京剧艺术的泰斗，而且是道德高尚的楷模。

卡耐基说："在任何时候都不要让你的舌头超越你的思想，愚蠢总是在舌头跑得比头脑还要快时产生的。"对于我们来说，

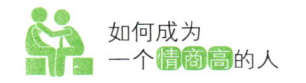

一定要学会律己，不要因为仇恨而让你的舌头超越你的思想。无论面对什么人，说什么话，一定要经过大脑思考，否则只会招致更多的"仇人"。

一般来讲，血气只有在人"三思"后才不会一时冲动迸发，才能降低那些"蠢话、危险话、不好听的话"出口的概率。卡耐基说："一个口才高手，最需要做的就是先懂得控制自我的情绪。"一个真正的智者在交际中会做到话到嘴边留三分。当一种想法、一种认识初入他们大脑中时，他们会先沉住气，冷静、客观和全面地去分析，适时权衡利弊，因人、因地、因时地去考虑，然后才将出口的话说得"悦耳动听"。

我们在谈论他人时，更要谨言慎行，不可因个人片面的看法在背后妄评妄论他人的过失。说得严重些，讲一个坏人的好处，旁人听了至多以为你是无知；但若把一个好人说坏了，那就不仅仅是有损道德的问题了。有的人在日常生活和工作中，往往容易在没有深入调查的情况下，就用固有的主观意识去猜测臆断，从而忽视事实的真相，误导了人们的视线。所以，在任何时候，在没有考虑好且没有确切证据的情况下，一定要闭紧自己的嘴巴，不说人是非，不议人长短，以免给自己招来不必要的祸端。

万分情商，不如一分宽容

孔子的学生子贡曾问孔子："老师，有没有一个字，可以作为终身奉行的原则呢？"孔子说："那大概就是'恕'吧！""恕"，用今天的话来讲，就是宽容。一个人心胸宽广，对人和蔼可亲，不斤斤计较，这样的人总能赢得人心，才是生活中真正厉害的角色。哈佛大学心理学博士丹尼尔·戈尔曼说，真正决定一个人能否成功的关键是情商能力而非智商能力。万分情商，不如一分宽容，宽容的人懂得体察他人的情绪，并能很好地控制自我情绪，化摩擦为和谐，化干戈为玉帛。

一位部门经理，在一次出差时，手提包被盗。她异常紧张，因为包里除了她常用的钱物外，还有公司的公章。当她既内疚又担心地站在总经理面前讲完发生的事情后，总经理笑着说："我再送你一只手袋好吗？你前段时间的工作一直非常出色，公司早就想对你有所表示，但一直没有机会，现在机会终于来了。"

那位没有暴跳如雷的总经理，用宽容的态度处理了这件事情，使部门经理从此心怀感激，后来任凭其他公司用多么优厚的待遇聘请，她都不为所动。

可见，宽容有一种化惊险为神奇的力量，它能消融人与人之间所有的不快与冰冷。一个宽容的人，懂道理、明事理、知进退、包容人，为人处世总能给人一种舒适、亲切且随和的感觉。这样的人，还未开口说话，便能事先征服人心，获得他人好感。这份宽容，必会在未来得到意想不到的回馈！

一次，楚庄王由于打了大胜仗，十分欢快，便在宫中大宴群臣，宫中一片欢欣。楚庄王也兴致高昂，叫出最受他宠爱的妃子许姬，轮番替群臣斟酒助兴。

突然一阵大风吹进宫中，蜡烛被风吹灭，宫中立即漆黑一片。暗中，有人扯住许姬的衣袖想要亲近她。许姬便随手拔下那人的帽缨并从速摆脱分开，然后许姬来到庄王身旁并告知楚庄王："有人想趁黑暗调戏我，我已拔下了他的帽缨，请大王快吩咐点灯，看谁没有帽缨就把他抓起来处置。"

楚庄王说："且慢！今天我请大家饮酒，酒后失礼是常有的事，不宜怪罪。"说完，楚庄王便若无其事地对世人喊道："各位，今天寡人请大家饮酒，大家必然要尽兴，请大家都把帽缨拔掉，不拔掉帽缨不足以尽欢！"

因而群臣都拔掉本身的帽缨，楚庄王再命人重新点亮蜡烛，宫中一片欢笑，众人尽欢而散。

06 高情商思维：拥有吸纳资源的能力

三年后，晋国攻打楚国，楚庄王亲自带兵迎战。交战中，楚庄王发现自己军中有一员将领，总是冲杀在前，所向披靡。众将士也在他的影响和带动下，奋勇杀敌，斗志昂扬。此次交战，晋军大败，楚军大胜回朝。

战后，楚庄王把那位将领找来，问他："寡人见你此次战役奋勇异常，寡人常日仿佛并未对你有过什么特别之处，你是为何如此拼命奋战呢？"

那将领跪在楚庄王阶前，低着头回复说："三年前，臣在大王宫中酒后失礼，本该正法，可是大王不但没有追究、问罪，反而还想法保全我的体面，臣被深深打动，对大王的恩义服膺在心。从那时起，我就时刻准备用生命来酬报大王的恩义。此次上疆场，恰是我建功报恩的机会，所以我才不吝生命，奋勇杀敌，就是战死沙场也在所不惜。大王，臣就是三年前在宴会上被许姬拔掉帽缨的罪人呀！"

一番话使楚庄王和在场将士大为感动。楚庄王走下台阶将那位将领扶起，那位将领已经是泣不成声。

星云大师说：一个人应从大处着眼，不让眼前的小事干扰我们的心智，有时，坏事也能够成就大功德。

孔子曰："夫仁者，己欲立而立人，己欲达而达人。"说的是"大仁"者，就是要自己立足，也让别人立足；自己要通达，也让别人通达。宽容不仅是给别人机会，更是为自己的人生创造机会。对待他人的过失，则应有所容忍，这样做既是为了保全他人的体

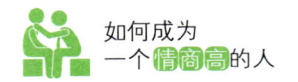

面和利益，也是为自己日后铺就一条通达的道路。当然，我们所说的宽容，并非包庇、纵容，而是一种艺术处事方式。俗话说："窥见仆人偷吃，只可咳嗽，不必大叫。"这便是宽容所带来的处理方式。

07 所谓高情商，就是说话让人舒服
——赢得信任的心理沟通策略

高情商者的一个特点就是说话让人舒服。要知道，社会是由个体组成的，掌握与聪明人打交道的方法是人生的一门必修课，而高情商者在与人沟通时，遵循不拆台、不揭短、不生硬、不伤人的原则，他们在沟通时，能处处照顾别人的感受，能观察到对方的情绪，通过对方的具体反应说该说的话，说让人舒服的话，从而赢得人心。本章教你洞悉与人交往中的心理，让你掌握极具人情味的语言表达技巧，连批评、说"不"都能让人感到温暖，助你一步步地淬炼成自控力强、会说话的情商高手，自然而然地俘获人心、赢得信任。

把积极的"心理暗示语"挂在嘴边

每个人可能都有这样的心理感受：只能记住自己喜欢的东西，而会对那些令自己生厌的消极东西视而不见。比如，某个人当面夸赞你：长得可真标致！你会对其心生好感，并有可能永远记住他。而另一个人当面说你：你的身材确实配不上这件高档服装，你会立即对其心生厌恶，并再也不愿见到他。可见，每个人都喜欢积极、向上的东西，对消极的东西产生排斥感。对此，心理学家指出，每个人都喜欢积极的能量，希望得到正面积极的信息，当你想去说服一个人喜欢你、接纳你、赞同你，那就该学着用积极的方式去感染他。生活中，有些人总是会莫名其妙地被打入人际"冷宫"，这主要是因为他们不懂得运用奇妙的心理暗示语，经常把带有消极能量的词汇挂在嘴边。高情商者，一开口就会对他人散发出自己的积极能量，他们总能在第一时间发现对方身上的长处或优点，以真诚的态度给予对方积极的肯定或夸赞，以赢得对方的好感。

畅销书作家拿破仑·希尔说："积极的外表总能吸引人们的

注意力。尤其是积极的神情，那是一种能发出光和热的能量，更能吸引人们的赞许性的注意力。"卡耐基也说过，吸引别人的关键无非一点，那就是积极，积极，再积极！当然，这里的积极，一方面是指态度的积极，即对他人要表现出足够的主动性；另一方面是指情绪的积极，就是在他人面前，要散发出积极的能量来，不断将你的"光"和"热"辐射给别人，才能让自己有磁石般的魅力，将他人牢牢地吸引住。为此，在交际场上，要赢得好感，就要学会向他人传递正面的积极的信息和能量，把那些积极的"心理暗示语"常挂在嘴边。

心理学家根据调研，专门制定了两套受欢迎和不受欢迎的词汇表。

受欢迎的词汇：真诚、漂亮、帅气、爱、幸福、幸运、乐观、开朗、安全、信赖、魅力、聪明、真实、容易、健康、优雅、知性、美丽、绅士、修养等。

不受欢迎的词汇：痛苦、悲伤、焦虑、困难、成本、辛苦、劳苦、死亡、破坏、担忧、责任、义务、失败、压力、错误、糟糕、很差等。

从上面可以看出，受欢迎的词汇大都是积极的、正面的，而不受欢迎的词汇都是消极的、负面的。也就是说，人们都愿意接收积极的正面的信息或暗示，而排斥消极的负面的信息或心理暗示。那些刻板的带有压力和消极能量的东西，人在本能上是排斥的。可以想象，生活、工作的各种压力已经让我们身心疲惫，谁还愿意再让别人给自己的心灵增添压抑感呢？所以，在生活中，我们要给人留下好印象，就要在开口讲话时多运用些积极的词汇。比如，一个诚恳的赞美、活泼乐观的夸奖等。

同时，话语或表情要尽量避免那些能让人产生压迫感的词汇，要知道，谁都不愿意自己被紧张或消极的氛围笼罩。就好像很少人喜欢连日阴雨的坏天气一样，如果你是一个心理常常"刮风下雨，不见阳光"的人，自然也不会有人乐于与你靠近。如果你想做个成功、拥有良好人缘的人，就先为你的"乐观"加码吧！

可以说，在人际交往的空间中，一个人给予别人的积极能量越多，他的朋友就会越多。一个人若总能站在别人的角度去看问题，想问题，并给别人提供帮助，他的人缘自然就越好。一个人总能用自己的乐观开朗去影响别人、感染别人，他的人际圈就越广。反之，如果一个人总觉得自己是"最倒霉"的，总将别人当成个人发泄情绪的垃圾桶，总希望"听众"来承担自己的情绪压力，喜欢"榨取"别人的能量，他的朋友就会越来越少。

为此，从现在开始，我们要尽量避免将消极的能量带给他人，努力做一个有积极能量的人。

先知道对方的"心理特点",
再运用语言艺术

有时候,要去说服或者要求某个人依自己的要求去做,无论是直接还是间接,都不能极好地达到目的。但是这个时候,一个高情商者会运用共情力,通过仔细观察分析去抓住对方的心理特点或者心理需求,再利用语言艺术,最终使问题迎刃而解。高情商者拥有极强的共情力,在与人相处时,他们最善于抓住对方的心理特点,然后再运用理性的逻辑力量,一点点地瓦解对方的心理防线,从而达到说服的目的。

19世纪,奥地利维也纳市的妇女都喜欢戴一种高帽子,就连在戏院中看戏也不例外,妇女戴的高帽子挡住了后面人的视线,虽然戏院相关负责人一再提醒妇女们脱掉帽子,但是仍旧有妇女毫不理睬。

这个时候,一位女演员走上了戏台,对下面的观众说:"亲爱的女同胞们,本来按照戏院的规定,看戏的时候是不能戴帽子的,但是说明一下,年老的女士可以不用脱帽。"

刚说完,台下的女士们便开始纷纷地脱帽子了。

很多女性都希望自己是年轻的,而非年老的。女演员正是抓住了很多女性的这个心理特点,然后以一种不动声色的方式,向女士们的内心发起了进攻,迫使她们不得不将帽子脱下来。所以,在现实生活中,与人交往,我们完全可以通过抓住人们的心理特点,去达到说服的目的。

卫珊是一家杂志社的编辑,她的工作任务就是向那些有潜力的作者去约稿子。一次,她在网上发现了一个有潜力的作者,想向对方约稿。但对方却说:"真不好意思,这段时间的确太忙,时间不充裕,仓促之间写出来的东西,恐怕会很差,怕影响贵杂志社的声誉。你还是去找那些比较空闲的人吧!"

卫珊说:"不,不,不,那些整天空闲没事的人,写出来的东西不见得比您仓促之间写出来的好。您的文章,我已经全部都读过了,您就当下问题提出的一些观点确实很深入人心,很适合我们杂志社刊登,望您能抽出一点点时间,为我们写一篇!"

听到卫珊这么一说,对方的虚荣心便膨胀了起来,非常豪爽地说道:"既然这么说,那我晚上加点班写一篇吧!"

自古以来,都有"文人相轻"的说法,总是认为自己写的东西是最好的,别人都没有自己的好。那个才子当然不愿意承认自己写得不好，而且卫珊的话也肯定了对方文章的质量，即便是挤时间写一篇，想必对方也不会马虎应对了。

其实，高情商者通常都善于说服，是因为他们能巧妙地抓住不同人的心理特点。比如，他们知道多数女性就不愿承认自己老，文人不愿意承认自己没才华，小孩子就不愿承认自己不勇敢，老人不愿意承认自己无用……每个人都有自己的心理特点，只要抓住这个特点，就可以轻松地说服对方。

与冷漠的人交流：拿出足够的真诚

高情商者的一个特点就是对于不同个性的人，能表现出不同的行为，因为他们善于将"共情力"运用到极致，会根据不同个性的人，分析出不同的心理特点，再给予不同的"关照"，进而引发对方的情感共鸣。比如，在他们遇到个性冷漠的人时，他们会拿出足够的真诚来打动对方。生活中，冷漠的人，给人一种不苟言笑、一脸严肃的感觉，无论对谁都展示出一副冷冰冰的面孔，给人的感觉就是内心总藏着一份秘而不宣的情怀，常人也极难打探清楚。但高情商者深知，冷漠者内在都藏着一颗过于敏感的心，他们都是孤独者，与这样的人交往，最重要的一点就是要对他们付诸真心。你的半真半假、虚情假意的寒暄，极难换来他们的认同感。

在现实生活中，冷漠者确实很难相处，因为我们生怕自己的哪一句不当言论或无心之举招来他的反感或恼怒。其实，从心理学的角度分析，冷漠的人都是用心看世界的人，越冷漠的人越有一颗敏感的心，能注意到常人所注意不到的细节，以及他人行为的点点滴滴，并能从这些点点滴滴中看穿一个人内心的真正想法。所以说，冷漠的人，都是真正懂人心的人。与这样的人相处、讲话，一定要给予他足够的热情，而且这些热情应是发自内心的。你的半真半假、不真诚，一定换不来他们的认同，更换不来与他们的真心交流。

如果你想打开冷漠者的心扉，那么，在见到对方的时候，一定要发自内心地感到愉悦、高兴，用你的真诚去打动和感化他。

据说，哈佛大学校长查尔斯·伊里特博士是一位极为冷漠、不苟言笑的人。学校的学生和老师们，见到他都不敢轻易开口与他交流，更别说与他成为朋友了。

一天，一个英文名叫杰瑞的中国学生到校长室去申请一笔学生贷款，因为理由说得不充分，当场就被拒绝了。杰瑞内心有些沮丧，但是出于礼貌以及对这位校长由衷的尊敬，他还是弯下腰去向他鞠了一个躬以示感谢。随后，当杰瑞正要出去时，惊奇地看到校长正在看菜谱。

杰瑞顿了一顿，鼓足勇气对校长说："您在私下里也经常亲自做饭吃吗？我上大学时也做过。我做过红烧狮子头，那是一道非常美味的中国菜。"

校长伊里特博士看到他如此诚恳，便回应道："哦，是吗？中国菜确实很不错！"

接下来，杰瑞又详细地告诉他该如何挑选肉，怎样用文火焖煮，怎样切碎，然后放冷了再吃。他告诉校长，这道菜是他爸爸最喜欢的，可惜现在爸爸出现了意外，他的生活也陷入了困境……说到这里，他的眼睛里闪着泪光。校长见此，有些动容，他确实被这个中国学生的真诚打动了。

几个月后，杰瑞意外地收到了一笔学生贷款，他知道，这是那位不苟言笑的伊里特校长亲自为自己办理的。

乐于为对方效力，不惜花费时间、精力，诚心诚意地为对方着想，散发你的真诚和热情，才是打开冷漠者心扉的唯一办法。

"如果那个人喜欢我，我才会喜欢他。"持这种论调的人，是很天真幼稚的，甚至可以说有点愚蠢。如果你不喜欢别人甚至厌恶别人，却妄想别人喜欢你，未免有些一厢情愿。试想，谁会去把一个对自己缺乏真诚、热情，并对自己漠不关心的人当作朋友呢？

如果你希望与冷漠者和谐相处，至少应该喜欢和对方待在一起。要知道，越是冷漠的人，越追求完美、真诚和热情。如果你做不到这一点，那就不要轻易去触碰他们的底线。

与固执的人谈合作：懂得"以退为进"

生活中，很容易会遇到个性固执的人：他们态度极为强硬，固执己见，与这样的人打交道，多数人会知难而退。但对于高情商者来说，他们会先去了解固执者的心理特点，然后再采取有效的策略，进而达到既定的交际目标。从心理学的角度来说，固执者的内心比较"自我"，他们认定的事很难改变，如果遭到他们的拒绝，你一味地央求与软磨硬泡，只会招致他们的反感。与其如此，不如选择"以退为进"的策略，即适当地晾一晾他们，再做进一步的打算。

"我的合作对手十分傲慢强硬，在交涉过程中，屡屡给我出各种各样的难题，是不是对方有意不想和我合作，或者反悔呢？真的担心这笔生意谈不下来。"

在生意场上，很多人会遇到此类问题。高情商者懂得，遇到此事，只是着急是不行的，要学会先冷一冷他，即不搭理也不回应，或者告诉对方："你先好好考虑吧，我不着急……"如此一来，原本很着急的你，就会变得镇定。你的这种"无所谓"的态

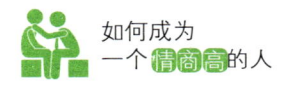

度，很容易让对方乱了阵脚，他们会在心中七猜八猜：他们是不是找到了新的下家？他们的价格是不是真的压到最低点了？与他们合作，是不是真的没有任何回旋的余地了？……几天后，他们也许便会主动示意你："你们的条件，我们认真考虑了，还是可以再商量的。"一旦对方这样表示了，接下来你就不要再僵着了，就该真和他们谈合作了。如果再拖下去，也许合作就真的泡汤了。这便是心理学上的"以退为进"原则。在恋爱中，高情商者通常会运用此法，让固执的对象对你回心转意；而在商业合作中，高情商者会运用此法，从而获得生意上的合作共赢。在高情商者看来，与固执者谈合作，如果一味地努力争取，将对方的自信心推到最高点，让对方产生你急于与他做成这笔生意，觉得自己给你的条件太过宽松等感觉，对方就会觉得应该再等等看，说不定还有更好的合作对象呢？在这样的情况下，你若再对他们穷追不舍地谈，会造成对方的心理膨胀。但若此时，你突然停手，先稳住，不失时机地晾一晾他们。一段时间后，当他们的自信心降到最低时，自然会回头找你。这个时候，你再与他们谈合作，就会容易得多。

在运用"以退为进"法则的时候，高情商者还懂得，让对方等待时，一定不能让他等得太久。任何事情经过这样小小的"发酵"过程，就会有不一样的味道。

甘做学生，满足对方的"为师欲"

法国一位哲学家说："如果你要得到仇人，就表现得比你的朋友优越吧；如果你想得到朋友，就要让你的朋友表现得比你优越。"我国的先哲也说过"良贾深藏若虚，君子盛德，容貌若愚"，意思是说真正精明的商人是不会让他的财富显露出来的；一个有修养的君子，内藏道德，但外表看起来好像愚蠢迟钝。以上两句话都是在告诫我们：在社交中，不仅要摆正姿态，还要敛锋芒、收锐气，如果过分地将自己的才能让人一览无余，只会招来他人的忌恨。当然这也是高情商者所遵循的交际原则。

在现实生活中，相信每个人都有过类似的经历：当你的同学、朋友向你请教各种问题，认真听你讲解的时候；当你的下级一脸崇拜地要你传授经验的时候，无论你心情如何，多么繁忙，都会满面笑容地解答他们的疑问，并且心中感到非常满足。

仔细想一下你的这种亲身体验，就会发现，成就感在每个人的心中是多么根深蒂固。别人向我们虚心请教，就表示我们在某些地方表现出众。在别人向我们请教时，心里不由自主地就会涌起一股自豪感和愉悦感，它不仅引导着我们的心灵，还主宰着我们的理智。相信每一个拥有健康心灵的人都会喜欢这种感觉，享受这种优越感。

很多人喜欢别人向他请教，都具有好为人师的一面。要交朋友、求人帮忙，就要充分利用好为人师的大众心理特点，利用得好，就会赢得对方的好感，事情就会办得又快又好。

长岛的一位汽车商人，利用赞美和请教的技巧，把一辆二手汽车，成功地卖给了一位苏格兰人。

那个苏格兰人想买一辆二手汽车，这位汽车商人带着他看过一辆又一辆车子，但他一会儿说这不适合，一会儿说那不好用，价格又太高，这笔生意一直没有做成。这位商人思索了很长时间，决定停止向那位苏格兰人推销，而让他自动购买。

几天之后，当有一位顾客希望把自己的旧车子换成一辆新车时，这位汽车商人就有了新的办法。他知道，这辆旧车子对那位苏格兰人可能很有吸引力。于是，他打电话给苏格兰人，请他过来一下，给自己帮个忙，提供一点建议。

那个苏格兰人来了之后，汽车商人说："你是个很精明的买主，你懂得车子的价值。能不能请你看看这辆车子，试试它的性能，然后告诉我这辆车子应该出价多少才合算？"苏格兰人的脸上泛起了灿烂的笑容。他的能力已受到赏识。他把车子开出去试了试，然后开回来。"如果你能以三千元买下这辆车子，"苏格兰人建议说，"那你就买对了。""如果我能以这个价钱把它买下，你是否也愿意买它？"这位汽车商人问道。三千元，这是他的主意、他的估价。这笔生意立刻成交了。

　　在需要他人帮忙的时候，首先满足他的虚荣心是一个不错的切入点。要求别人帮忙时，你不这么做是不行的，如果你表现得比对方还要出色，对方在心理上就会产生一种挫败感，心态不好的甚至会对你产生反感，这样一来，该帮的或不该帮你办的事就都办不成了。

　　每个人都有他的长处和短处，对方再不济，也会有出色的一面；你资质再高，也有不如人的地方。所以，不管是在平常的人际交往中，还是在与领导同事相处的过程中，常在某些方面表现"差"一点，多向他人请教，这样不仅让他人感到心情舒畅，有被重视的感觉，同时也是你提高人气值的最好方法。

如何成为
一个情商高的人

高情商者始终会将微笑挂在脸上

生活中，高情商的人处事总能给人一种如沐春风、善解人意的感觉，他们可能不善言辞，但却始终能将微笑挂在脸上，给人一种舒服又放心的感觉。世界名模辛迪·克劳馥说过这样一句话："女人出门时若忘了化妆，最好的补救方法便是亮出你的微笑。"毫无疑问，微笑能够弥补一个人的所有不完美。一个爱笑的人，微笑便是他最好的沟通语言。

在现实生活中，我们常会听一些年轻人自悔："都怪我，好好的一单生意，我却把它搞砸了！如果我不那么紧张，如果我不是那么无措，我一定能抓住那个难得的机会！"

很多年轻人会把自己社交失败的原因归结为笨嘴拙舌，甚至很多人认为社交成功的全部归劳在于伶牙俐齿。

其实，大错特错！

伶牙俐齿的确是获得交际成功的重要砝码，但仅有伶牙俐齿的人，不见得人人欢迎。但凡受欢迎的人，都有一个特点，那就是他们天生有一副亲和的笑模样，有事没事就爱咧嘴笑。

07 所谓高情商，就是说话让人舒服

有个演说家认为，一百个伶牙俐齿的都比不上一个爱笑的。事实的确如此。

有美国"微笑之都"之称的爱达荷州波卡特洛市有一个奇特的法令：凡在公共场所愁眉苦脸的人，一律要被送到"微笑站"进行再教育，直到学会微笑才让他离开。服务行业则把微笑的作用夸张到了极致，他们认为"微笑服务"能使顾客盈门、生意兴隆、招财进宝。

所以，如果你在交际场合总是碰壁，那么，你要反思的不是你的说话水平，而是该自问：是否能向人展示自己的亲和模样，是否爱笑呢？

一位心理学家说，如果你还有一小时，你要去见一生中最重要的人，那么，静下心来，找一面镜子。然后，对着它，练习微笑。可见，一张笑脸对于人际交往、个人事业来说是多么重要，它是世界上最能打动人心的语言。

刘晓在一家传媒公司担任办公室主任，她所在的办公室兼具行政管理、后勤管理、人事管理三大职能，其工作的繁忙与细琐程度自不用说。

说起上一任办公室主任，无论是从学历、经验还是从工作态度和魄力上说，都不比她差，甚至有些地方还超过了刘晓许多，但最终工作做了不少，却始终得不到同事和上司的认可。大家都觉得她很是傲慢，最后被迫离职。总结上一任办公室主任失败的教训，刘晓得出一个结论：那就是要有一张笑脸。

刘晓深知，传媒行业的竞争异常激烈，广告业务员的工作压力极大，他们最希望自己的工作能够得到公司的理解和支持，如果他们在与各种各样的客户周旋之后，能够在公司见到一张亲切、充满鼓励意味的笑脸，心中一定会充满浓浓的温情。面带微笑的人总是在向同事传递这样一条信息：我很欣赏你，信任你，我愿意成为你的朋友，我们一定会合作得十分愉快。现在，无论工作有多重，多烦琐，多让人心烦，刘晓却从不表现在脸上，而总是保持一副十分和蔼亲切的笑容。她拟定的"绩效考评措施"在公司内部得以顺利地实施，公司的业务量也明显提升了许多。而刘晓本人更是受到了公司全体员工的欢迎。

由此可见，微笑是一个人获得良好人缘的"通行证"，是赢得他人喜爱的"护身符"，带给他人的是如沐春风的感觉。真诚的微笑透出的是善意、温柔、接纳，更是一种自信和力量。所以，如果你是一个不善言辞、行为木讷的人，那就学会微笑吧，恰到好处地向他人绽露一个甜美的微笑，能胜过任何语言，让你拥有倾倒众生的魅力。

遇到"棘手问题",巧妙运用幽默去化解

一个高情商者,除了能在日常交际沟通中给人带来如沐春风的感觉,在遇到"棘手问题"或者尴尬场面时,也能运用幽默或自嘲之法去巧妙化解。

张菁是个阳光可爱的女孩,在一次公司会议中,台下坐了多个部门领导。待公司新来的主持人向领导介绍张菁时,不小心将她的名字念错了,张菁是个老员工,台下有个领导纠正了主持人,当时有点小尴尬……张菁上台后,首先说的话就是:谢谢主持人,给了我一个让大家认识两次的机会。瞬间,尴尬的氛围就变得轻松了,也调节了会议中紧张的氛围。

张菁无疑是个高情商者,在面对尴尬场面时,巧妙地运用幽默的方式成功化解,让大家在欢声笑语中继续开会。从心理学的角度出发,幽默感是一种捕捉生活中乖谬现象的敏感力,也是一种巧妙地揭露人际关系中矛盾冲突的智力,其效果令人发笑,耐

人寻味却又不引起反感。著名的心理学家弗洛伊德曾提出："如果我们感知到一种突然、游戏性的不协调性，而它满足了有意识和无意识的愿望，战胜了有意识和无意识的恐惧，从而给人以一种解放感时，我们就会笑。"他还指出："笑话，给予我们快感，是通过把一个充满能量和紧张度的有意识过程转化为一个轻松的无意识过程。"可见，笑话式的幽默是化解人际冲突、缓解紧张或尴尬局面的一个有效途径。

在一个新学期，多少都长了点身高的同学们在争排座次。心直口快的刘英新与不善言辞的王晓闻争执了半天。终于，比刘英新稍小几日的王晓闻只得坐到了末排。刘英新便得意地说道："王晓闻你座位排在最末，又是咱们寝室的宝贝疙瘩，而且你还姓王，以后就叫你'疙瘩王'啦。"没想到"说者无心，听者有意"，王晓闻顿时火冒三丈！原来王晓闻长了满脸的疙瘩，俗称"青春美丽痘"，每当有人提及，王晓闻都深以为恨，此时怎么能不生刘英新的气呢？

刘英新发觉自己说错了话，心中懊悔不已，为了平息这场自己惹出来的风波，表面上装作不急不恼，揽镜自顾地接着说："'蜷在两腮分，依在耳翼间，迷人全在一点点'。唉，王晓闻，我这真是'一波未平，一波又起'呀！"王晓闻一听，不禁哑然失笑。原来，刘英新除了脸上有几个青春痘，还长了一脸的雀斑。

刘英新用幽默解决棘手问题的方法堪称高明，他在无意中冒犯了别人，让别人对自己产生了敌意之后，马上含蓄地进行了一番幽默的自我调侃，并巧借诗句点明了自己也有痘而且面生雀斑。这既是对自己面部雀斑分布形状的自嘲，又是对自己口无遮拦惹来风波的含蓄自责，因而取得了对方谅解的一笑。用幽默解决棘手问题，也是一种颇为灵活的纠正错误、求得对方谅解的好方法。

用幽默来解决棘手问题，就是通过使人发笑来达到促进人事关系和谐的目的，但是同时，幽默之中也有一种力量，这种力量不但可以减轻精神上的压力，缩短人与人之间的距离，弥补可能存在的鸿沟，而且可以将一般情况下需要用严肃的态度才能表达的问题，通过幽默轻松的方式传达给对方，使之欣然领受。

贝塔利在一家大公司的运输部门负责文书工作。当这个公司被另一个大公司合并以后，新公司的同事似乎对他不是很友善。而且更让贝塔利烦心的是，自己在新公司的去留依然不明朗。

直到有一天，贝塔利决定主动出击，改变自己在其他同事心中的印象，挽救自己在公司中岌岌可危的命运。"他们可不敢把我革职。"贝塔利调侃道，"因为什么事我都远远落在人后。"就这样，贝塔利用一个简单的玩笑，使他的新同事和他一起笑，并帮助他建立了友善合作的共事关系。

幽默不仅可以解决棘手问题，还可以传递友善，表达人与人之间的真诚、友爱，从而促成自己和他人建立良好关系。尤其是当一个人要表达内心的不满时，若能使用幽默的语言，别人听起来会顺耳一些。当一个人和他人关系紧张时，幽默也可以使双方从容地摆脱窘境或消除矛盾。

萧伯纳是爱尔兰著名的剧作家。某一天，萧伯纳一个人在街上散步，一个冒失鬼骑着自行车把他撞倒在地上，幸好只是虚惊一场。萧伯纳虽没有受伤，但骑车的年轻人没有道歉的意思，于是萧伯纳故意惋惜地说："先生，你的运气真不好，要是把我撞死了，你就可以名扬四海啦！"骑车的人认出了萧伯纳，于是连连道歉。

萧伯纳的脊椎骨一直受病痛折磨，一次他去医院检查的时候，医生对萧伯纳说："有一个办法，从你身上其他部位取下一块骨头来代替那块坏了的脊椎骨……这手术很困难，我们从来没有做过。"医生这样说的潜在意思是，这种大手术的费用非常昂贵。

萧伯纳当然明白他们的意图，但他并没有与医生争论，也没有向院方表示自己的不满，而是幽默地淡淡一笑说："好呀！不过请告诉我，你们打算付给我多少手术试验费？"医生顿时语塞。

本来是一个很棘手的问题，被萧伯纳处理得极其巧妙，从而避免了不愉快。生活中，我们也会经常遇到类似让人无从下手的事情，这个时候我们不如学一学大师们的幽默风趣，谈笑间，将棘手的问题抛出去，让自己平安无忧。

关心他所关心的人，间接方法更奏效

生活中，我们可能都有这样的体验：一个小伙子想要获得姑娘的芳心，往往会花大力气去讨好自己的未来岳母大人。因为在姑娘的心中会觉得，如果你真的喜欢我，就一定会对我的家人好。这便是我们所说的"爱屋及乌"，在心理学上称之为"晕轮效应"。

"晕轮效应"又叫作"概面效应"，是指当一个人对某人产生了良好或不良印象后，便会以偏概全，以点概面，认为这个人一切都很好或者一切都很差，便形成了某种成见，好像月晕一样，把月亮的光扩大化了。

当然，产生"晕轮效应"是因为在人际交往中掌握对方信息资料很少的情况下才做出的总体判断的结果。"晕轮效应"往往会影响到人们的相互交往。如在一个集体中，当你对某人印象好时就会觉得他处处顺眼，"爱屋及乌"，甚至他的缺点、错误也会觉得可爱；当你对某人印象不好时，就会觉得他处处不顺眼，对其优点、成绩也会视而不见。这种心理状态必然会影响到人际关系的融洽与和谐。而一个小伙子为赢得姑娘芳心，花大力气去讨好自己的未来岳母及其周围亲友的行为，便是"晕轮效应"的逆向作用。如果对方在你心中足够重要，那么，与他密切相关的一切，在你心中也是同样重要的。所以，在现实生活中，这个心理学法则被高情商者屡试不爽。尤其是在他们想要赢得一个陌生人的好感时，会恰当地对他周围的人表达关心，比如，他的父母、孩子、伴侣等。

  采妮是一家化妆品公司的首席销售员，有一天，她去拜访一位女客户。当时客户正在忙着做家务，而客户2岁的女儿正坐在客厅的地板上大声地哭诉。采妮见状便连忙蹲下来对小孩说："小朋友啊，不要哭哦，看阿姨给你变魔术。"
  随即，采妮就像变魔术似的从包里拿出了两个棒棒糖，然后像变戏法似的变出了一个会走路的小鸭子，并趴在地上为孩子演示，孩子破涕为笑。这一切，都被客户看在了眼里。
  末了，这位女客户痛快地从采妮那里选购了一套化妆品。

  可以试想：有谁会拒绝一个愿意跪在地上与小孩一起玩耍的人呢？采妮之所以能使销售顺利进行，关键在于她找到了敲门的棋子：逗小孩开心。比起刻意地关心客户本人，关心她的孩子更能打动对方的心。所以，你在与一个不相识的人结交的过程中，适当地表达对与他密切相关的第三个人的关心，会给对方留下善解人意的印象，从而获得更多的好感加分。

高情商说话策略：找准时机巧开口

生活中，不乏这样一类人，说话办事都呈现出一副干练倔强的样子，无论什么时候，面对的是什么人，永远是开门见山直奔主题，说完就马上离开，丝毫不会拖泥带水。干练冷傲的上司、不苟言笑的老板……这套酷中带美的行事方式如果针对的是自己的下属或者腼腆好说话的客户，那么，干练的工作做派会让他们折服。但如果应对的是固执的朋友或客户，这种做派恐怕会让人产生反感，极难达成你的交际目的。可以想象，如果你一开始就遭到了对方的拒绝，那便很难再有转圜的余地。高情商者面对这样的朋友或客户，会讲究说话的策略，不会一上来就道出自己的请求，而是会先去与对方聊其感兴趣的话题，到时机成熟时再巧开口，达到事半功倍的效果。

真正善于沟通的高情商者，说话是最讲究时机的。一句话说得再好，再能打动人心，如果说得不合时宜，那也可能会毁了你的形象，坏了你的事情。

如何成为一个情商高的人

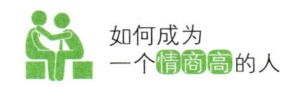

一个杂志编辑想向一位知名作家约稿，不过这个作家比较固执，一般人都请不动他。于是这个编辑就想了一个法子，亲自上门进行拜访。

见到作家之后，编辑没有说明自己的来意，而是谈着一些其他的事情，比如如何养生、如何锻炼身体、如何安排休息时间等。过了好一阵子，才慢慢向正题靠拢，编辑说道："对了，我最近听说您的一部作品，被人翻译成英文在美国出版了是吗？"

作家听了略感诧异，朗声回答道："对的，但那是好久以前的事情了。"

编辑担忧地问道："那种独特的文体，用英文翻译，不知道到底能不能翻译好？"

作家回答道："没错，这也正是我所担心的事情。"

于是两人就渐渐谈起了作家的写作之事，气氛也变得越来越融洽，彼此也越来越轻松，到了后面，编辑自然而然地说："你有时间帮我写一篇稿子吧，我们的杂志社非常需要像您这样作家的稿件。"

经过一番由远而近的谈论，这位常人难以招架的作家，最后爽快地答应了编辑的请求，并且说："以后要是有什么地方用得上我，直接给我打电话就行了，这是我的名片，上面有我的电话。"

这位编辑一开始并没有开门见山、直奔主题地向作家提约稿要求，而是先从如何养生到如何锻炼身体说起，再到如何安排休息时间，转了一大圈。等时机成熟后，才回到主题上来，在和谐的气氛中，让作家觉得这位编辑对自己了解很多，更像是一种和读者朋友在沟通的感觉，最后终于获得了作家的认可。

其实，再动听的话，也是讲究时宜的。面对较为固执的人，你要懂得先寒暄一番，说些与主题无关的话，这是让对方接纳你的前提。要知道，开头的寒暄实际上是在调节说话的气氛，气氛好了，人的心情会比较好，心情好了，也就比较乐意帮助别人。同时，寒暄也是一个彼此了解的过程，彼此有了感情，再对别人提要求就变得容易多了。所以，当你求人办事的时候，一定不要着急，要由远而近地缓缓道来，等谈话进入一种和谐圆融的关系和氛围之后，再用比较自然的方式，不动声色地提出自己的请求，让对方爽快地接受你的请求。

总之，在交谈中，如果说话的时机把握不好，再好的言语也难打动人心。所以，我们在生活中，一定要开动脑筋、注意观察，先找到双方的共同点，再找到最佳的开口机会。将合适的言辞在合适的时机下说出来，这样就会很容易获得成功！